ECMAScript 2018
快速入门

黄灯桥 编著

U0313711

清华大学出版社

北京

内 容 简 介

ECMAScript 是一种由 ECMA 国际通过 ECMA-262 标准化的脚本程序设计语言，目前最新版本为 ECMAScript 2018。JavaScript 是这个标准的一个实现和扩展。这种语言广泛用于 Web 前端开发，可以说想成为一名前端开发高手，就必须掌握 ECMAScript。

本书分为 13 章，较为系统地介绍 ECMAScript 语言，内容包括变量与常量、表达式和运算符、字符串、数字和符号、数组和类型化数组、对象、函数、集合和映射、迭代器和生成器、Promise 对象与异步函数、代理、类和模块，最后引导读者自己动手写一个 JS 框架。

本书适合 Web 前端初学者、不了解 ECMAScript 的 Web 前端开发人员，也适合高等院校和培训学校相关专业的师生进行参考。

本书封面贴有清华大学出版社防伪标签，无标签者不得销售

版权所有，侵权必究。侵权举报电话：010-62782989　13701121933

图书在版编目（CIP）数据

ECMAScript 2018 快速入门 / 黄灯桥编著. — 北京：清华大学出版社，2019

ISBN 978-7-302-51681-1

I. ①E… II. ①黄… III. ①软件工具－程序设计 IV. ①TP311.561

中国版本图书馆 CIP 数据核字（2018）第 264262 号

责任编辑：夏毓彦
封面设计：王　翔
责任校对：闫秀华
责任印制：刘海龙

出版发行：清华大学出版社
　　　　　网　　　址：http://www.tup.com.cn，http://www.wqbook.com
　　　　　地　　　址：北京清华大学学研大厦 A 座　　　　邮　　编：100084
　　　　　社 总 机：010-62770175　　　　　　　　　　邮　　购：010-62786544
　　　　　投稿与读者服务：010-62776969，c-service@tup.tsinghua.edu.cn
　　　　　质量反馈：010-62772015，zhiliang@tup.tsinghua.edu.cn

印 装 者：三河市吉祥印务有限公司
经　　销：全国新华书店
开　　本：190mm×260mm　　　印　　张：9　　　字　　数：230 千字
版　　次：2019 年 1 月第 1 版　　　印　　次：2019 年 1 月第 1 次印刷
定　　价：29.00 元

产品编号：069716-01

前　言

　　1994 年，第一个比较成熟的浏览器 Navigator（0.9 版本）发布的时候，只是一个纯浏览器工具，不具备互动功能。为了解决互动问题，网景公司希望能通过一种脚本语言来实现。至于使用什么语言，网景公司一时也难以决定。这时，Sun 公司推出了 Java，给人的感觉就是拥抱了 Java，就等于拥抱了未来。作为 Java 的信徒，网景公司于是选择与 Sun 合作，推出 JavaScript 语言。

　　网景的本意是制作一个 Java 的简化版脚本语言，但很不幸，他们请来开发 JavaScript 语言的设计师 Brendan Eich[1]并不是 Java 的信徒，只用 10 天时间就将 JavaScript 写出来了。不过，JavaScript 并没有成为简化版的 Java，而是成了一个大杂烩，使用了 C 语言的语法、Java 语言的数据类型和内存管理，借鉴 Scheme，把函数式开发作为主要开发方式，借鉴 Self 语言，使用基于原型（prototype）的继承机制。这个大杂烩就这样成为我们现在使用起来比较酸爽的 JavaScript。以至于作为 JavaScript 的设计师，他自己一点都不喜欢这个作品："与其说我爱 JavaScript，不如说我恨它。它是 C 语言和 Self 语言结合的产物。十八世纪英国文学家约翰逊博士说得好：'它的优秀之处并非原创，它的原创之处并不优秀'"。这都是和公司决策层妥协后的结果。而这造成的最终结果就是不少人误以为 JavaScript 就是 Java，为了修正 JavaScript 的开发问题，不断衍生出不同版本的衍生语言，如 CoffeeScript、TypeScript 等。这件事给编者的第一观感就是情怀这东西，太有毒了，不得不时常用来提醒自己。想当初，编者也是有情怀的，也曾自学过 Java，但在使用过后，加上 Sun 和微软的 Java 之争，就再也不去考虑了。

　　网景推出了这样一种语言，微软等其他公司也不甘落后，都各自推出了自己的脚本语言。如果各大公司都这样各自独立地发展下去，那么最头疼的就是开发人员了，为了解决各浏览器的兼容性问题，那可是要费九牛二虎之力的。还好，网景做了一个好的表率，在 1996 年 11 月，将 JavaScript 提交给了国家标准化组织 ECMA，使 JavaScript 成了一种国际标准，各大公司虽然有私心，但也不得不遵守标准，不然，最大的后果就是被开发人员甚至用户抛弃。在 1997 年，ECMA 发布 262 号标准文件的第一版，也就是 ECMAScript 1.0。JavaScript 这个名称只是人们习惯的说法，它的正式名称是 ECMAScript，这样做一是因为 JavaScript 是网景公司的商标，不便于使用，二是为了保证这门语言的开放性和中立性。

---

[1] 有关 Brendan Eich 的详细信息请参阅：https://baike.baidu.com/item/Brendan%20Eich。

ECMAScript 在 1998 年发布了 2.0 版本，在 1999 年发布了 3.0 版本，然后就戛然而止。这其中的原因是在 2000 年酝酿 ECMAScript 4.0 的时候，版本太过于激进了，导致标准委员会的一些成员不愿意接受。2007 年 10 月，ECMAScript 4.0 版草案发布，但在发布正式版本前，又发生了严重分歧。其中，雅虎、微软和谷歌等为首的大公司反对大幅升级，主张小幅改动，这毕竟关系到他们的利益，而以 Brendan Eich 为首的 Mozilla 则坚持当前的草案。事情闹得不可开交，到了 2008 年 7 月，ECMA 不得不中止 ECMAScript 4.0 的开发，将其中一部分小的功能改善发布为 3.1 版本，而激进的改动则留待以后解决。在 2009 年 12 月，将 ECMAScript 3.1 改名为 ECMAScript 5.0 发布。2011 年 6 月，ECMAScript 5.1 版发布，并且成为 ISO 国际标准（ISO/IEC 16262:2011）。

2013 年 3 月，ECMAScript 6 草案冻结，不再添加新功能。新功能设想将被放到 ECMAScript 7。2013 年 12 月，ECMAScript 6 草案发布。然后是 12 个月的讨论期，听取各方反馈。2015 年 6 月，ECMAScript 6 正式通过，成为国际标准。从这一版本开始，ECMAScript 6 更名为 ECMAScript 2015，也就是以年份作为版本号，不再使用以往的版本号。之后就每年发布一个版本，直到如今的 ECMAScript 2018。

综观 JavaScript 的发展，与行业的发展是密不可分的。在 JavaScript 诞生后，程序员就开始考虑如何利用 JavaScript 来构建更丰富的客户端。例如，编者 2000 年在一家网络公司工作时，为了实现项目中的日期选择，就与同事合作编写了日期选择器，之后，又完成了一个颜色选择器。不过，这项工作没持续多长时间，编者就离开了，没继续从事这方面的工作。当编者重新走上 Web 开发的路途时，JavaScript 已经从以前的单一组件化（如 HTC、DXHtml 等）走向了框架化。

在这里不得不提一下微软、谷歌和雅虎的贡献。XMLHttpRequest 对象是微软发明的，被整合到了 IE 4 中，不过，在当时并没有引起什么轰动，直到谷歌在谷歌地图中用它实现了令人惊艳的交互效果，才引发了一场我们称之为 Web 2.0 的技术革命。伴随着 Web 2.0 的步伐，各种 JavaScript 框架以井喷的形式爆发。在这波大潮当中，雅虎的 YUI 可以说是第一个相当实用的图形界面（UI）库，可惜的是，最终用的人并不多。不过，雅虎的另一个贡献 YUI Compressor 却非常受欢迎，它本来是为 YUI 服务的，可将零散的 YUI 文件压缩为一个单一的脚本包，而最终发展成为各种框架或脚本应用程序的压缩打包程序，而这无疑是脚本发展的一个跨越。试想一下，对于一个大型项目或者框架来说，总不可能把脚本都写在一个文件里，但文件太多，对服务器负载和浏览器的响应来说都是难以接受的，通过压缩和打包的方式将文件压缩并合并到一个文件，对于服务器的负载和浏览器的响应就好很多了，无疑大大促进了框架的发展。

随着移动互联网的发展，JavaScript 的应用越来越广泛，项目逐渐扩大，为了满足发展的需要，JavaScript 不得不变，于是更新频率越来越快。

JavaScript 版本当然是越新越好，但要使用最新版本的 JavaScript，就必须考虑浏览器的兼容性问题。如果不能兼容大多数浏览器，那么部分工作就要重来，这是任何项目都难以承受的。编者在使用 Ext JS 开发项目的时候，排在第一位的需求是客户对浏览器有什么要求，如果一定要兼容 IE 8 以下的浏览器，编者建议不要使用 Ext JS，换其他对这些浏览器兼容性更好的版本。当然，这在开发效率上是有所降低的，并且开发成本会上升。好在这方面要求比较高的客户不算太多，毕竟现在还死守 IE 浏览器的用户不是太多。编者秉持的观点是为了这一点点的用户而去牺牲开发效率、开发成本以及维护成本，不值得。而且用户也不是铁板一块，或许他们早厌烦了 IE，只是没有机会，或者没有动力，或者不知道怎么去更换浏览器而已。在使用最新版本的 ECMAScript 方面就比编者使用 Ext JS 弹性大了，通过代码转换器和填充代码等方式，可以将代码转换为兼容老旧浏览器的代码，非常方便，还好，Ext JS 这个框架也在往这个方向迁移。可以预见，未来 JavaScript 的开发模式基本都是使用 NodeJS 以及各种类库，使用最新的 ECMAScript 来开发项目的。能早点熟悉这种开发模式，对于要进入这个行业的开发人员来说是必不可少的。本书最后的例子就是为大家熟悉这种开发模式而专门添加的。

本书的开发环境如下。

- 操作系统：Windows 10。
- 开发工具：Visual Studio Code。
- NodeJS：10.7.0。
- 浏览器：Firefox 61.0.1

本书的源代码放在 GitHub 上，大家可以自行到相应的地址下载。具体的下载地址是：https://github.com/tianxiaode/ECMAScript2018。

希望本书能给每位读者带来帮助，如果对本书有任何意见和建议，或者有任何技术上的问题，请发邮件到 huangdengqiao@outlook.com，或者加入 QQ 群：391747779、193238033 和 131404874。如果想了解最新的 Ext JS 动态或编者的最新博文，可访问编者的博客：http://blog.csdn.net/tianxiaode。

在本书的出版过程中，得到了清华大学出版社图格新知事业部编辑的大力支持，在他们的努力下，促成了本书的出版，在此表示衷心的感谢。此外，还要感谢那些在互联网上默默耕耘的博客作者以及在各大论坛回复问题的大牛们，是他们的努力耕耘，才使编者找到解决问题的办法，是他们让编者有了进一步提高技能的机会。

编　者

2018 年 11 月

目　录

第1章 变量与常量

在 ECMAScript 2015（以下简称 ES 6）之前，定义变量只有唯一一个 var 语句，而且存在不少问题。在 ES 6 中加入了 let 和 const 语句来解决这些长期遗留的问题。为了简化代码，还加入了解构赋值这种定义变量的方式。本章将讲述这些变化。

1.1 var 的问题

比较经典的 var 问题就是循环体内的变量值非预期值，具体代码如下：

```
for(var i=0; i<5; i++){
    setTimeout(function(){
        console.log(i);
    },1000)
}
```

以上代码中，预期的输出是 0~4，实际输出的却全是 5。运行结果非预期的原因是变量提升（hoisting）。所谓变量提升，是指变量可以在声明之前使用，如在 for 语句之前加入 "console.log(i);"，会看到输出 undefined，这说明变量 i 在执行 var 语句之前就已经可用，只是还没有赋值。出现变量提示的原因是 JavaScript 在执行时，变量声明总会在任何代码执行之前，也就是说，无论你在任何位置使用 var 声明变量，都等同于在代码开头使用 var 声明变量，如在 for 循环前使用 var 声明变量 i 与在 for 语句的表达式内声明是没有区别的，这也是在 JavaScript 的最佳实践中建议将所有变量声明放在代码头部的主要原因，这样可以尽量减少错误。变量 i 提升的主要后果就是在 setTimeout 的回调函数内共享 i 值，由于回调函数是在循环执行完成后才执行的，这时候的 i 值已经是 5，因此回调函数输出 5 也就不奇怪了。

要解决变量提升问题，方案之一就是将变量值转换为局部变量的值，防止共享，例如以下代码：

```
for(var i=0;i<5;i++){
    (function(i){
        setTimeout(function(){
            console.log(i);
```

```
    },1000);
  }(i));
}
```

以上代码中，通过匿名函数将 i 值转换为匿名函数的局部变量 i 的值，从而避免 setTimeout 的回调函数受共享值的影响，也就能输出预期的值了。虽然以上方法可以很好地解决变量提升的问题，但对于开发人员来说是相当不友好的，大大增加了开发人员的工作量，也增加了犯错误的概率，于是，在 ES 6 加入了 let 语句和 const 语句。

1.2　let 语句

语句 let 与 var 的最大不同是 let 语句定义的是一个块级作用域的变量，也就是说，该变量只在块内有效，在块外是无效的，也不会出现变量提升的问题，例如以下代码：

```
console.log(i);
console.log(j);


{
    var i= 10;
    let j =10;
}
```

执行以上代码会显示 i 是 undefined，而 j 则提示引用错误 "ReferenceError: j is not defined"。这说明使用 let 语句定义的变量 j 不会被提升到块外，只能在块内使用。

在上一节的 for 循环代码中，将 var 替换为 let，就不需要进行变量转换了，可直接输出所预期的值。

1.3　使用 let 的好处

1.3.1　避免重复声明

先来看以下代码：

```
var i=10;
var i= 20;
console.log(i);
```

执行以上代码会输出 20，这说明使用 var 定义的变量是可以重复声明的，且会使用新的值覆盖旧的值，而这也是不少开发人员一不小心就会犯错误的地方。将以上代码的 var 替换为 let，执行后就会提示语法错误"Identifier 'i' has already been declared"，表示 i 已经声明了，不能再声明，这就大大减少了犯错误的可能。

1.3.2 避免变量未声明就使用

受变量提升影响，使用 var 声明的变量是可以在声明之前使用的，例如以下代码：

```
function foo(){
    i = 1;
    console.log(i);
    var i = 2;
}
foo();
```

以上代码执行后会输出 1，说明 i 在声明之前就能使用了。这样的代码会令人很疑惑，这里到底是需要使用变量 i 还是写错了变量名？尽管编码规范可以很好地防止这种问题，但还是会有漏网之鱼的。如果在这里将 var 换成 let，代码就不能执行了，直接抛出引用错误"ReferenceError: i is not defined"，从而避免了变量未声明就使用的情况。

1.3.3 避免全局变量成为全局对象的属性

先来看以下代码：

```
var i=10;
console.log(window.i);
```

代码执行后会输出 10，这说明使用 var 声明的全局变量 i 会成为全局对象 window 的一个属性，可通过 window 对象来访问。虽然编码规范一直强调尽量不要使用全局变量，但也会有需要的时候。如果在需要的时候，碰上在不同地方声明了相同的变量，那就是灾难，你可能需要从不同文件中去寻找那些重复声明。

使用 let 来定义变量则很好地解决了这个问题，当出现重复定义的时候，它会提示语法错误，而且不会在 window 对象中添加属性，这样就避免了不必要的污染。将上面代码中的 var 替换为 let，执行后会显示 undefined，说明 let 语句并没有为 window 对象添加 i 属性，这正是我们需要的。

1.3.4 简化代码

在 1.1 节的 for 循环内，为了能让代码正确运行，需要在调用 setTimeout 方法时封装一个匿名函数，代码比较累赘，而使用 let 后，就不需要匿名函数了，大大简化了代码。

1.3.5　模拟私有成员

在没有 let 语句之前，要定义私有成员，需要使用闭包的方式，例如以下代码：

```
var Car;
(function(){
    //私有变量
    var _color = null;

    //构造函数
    Car = function(color){
        _color = color;
    }

    Car.prototype.setColor = function(value){
        _color = value;
    }

    Car.prototype.getColor = function(){
        return _color;
    }

}());

var car = new Car('red');
console.log(car._color); //undefined
console.log(car.getColor()); // red
car.setColor('black');
console.log(car.getColor());  //black
```

以上代码定义了一个私有属性_color，可通过公有方法 setColor 和 getColor 来设置或获取_color 的值。

使用 let 语句定义私有属性_color 就不需要使用闭包那么麻烦了，具体代码如下：

```
let Car;
{
    //私有变量
    let _color = null;
```

```
    //构造函数
Car = function(color){
    _color = color;
}

    Car.prototype.setColor = function(value){
    _color = value;
}

    Car.prototype.getColor = function(){
        return _color;
    }
}

let car = new Car('red');
console.log(car._color); //undefined
console.log(car.getColor()); //red
car.setColor('black');
console.log(car.getColor());  //black
```

对比以上两段代码，尽管使用 let 并没有减少多少代码输入，但是代码可阅读性更好、更简洁。

1.4 const 语句

const 语句的使用方法与 let 语句类似，两者的主要区别是 const 定义的值是不可改变的，也就是我们所说的常量。在定义常量时必须赋值，不然会抛出语法错误，这也是与 let 语句的不同点之一。

虽然常量的值是不可改变的，但值为对象或数组时，是允许修改对象的成员值的，例如以下代码：

```
const centerPoint = { x: 10, y: 10};
console.log(centerPoint); //{ x: 10, y: 10 }
centerPoint.x = 20;
console.log(centerPoint); //{ x: 20, y: 10 }

const colors = ['red', 'blue'];
console.log(colors); //[ 'red', 'blue' ]
```

```
colors.push('yellow');
console.log(colors); //[ 'red', 'blue', 'yellow' ]
```

1.5　建议的方式

在普遍使用 ES 6 以上版本进行开发的前提下，建议放弃使用 var，而全部使用 let 语句来定义变量，对于常量则使用 const 来定义。更激进的方式是全部使用 const 来定义变量，主要依据是变量在初始化之后都不应当被修改，这种观点太偏激了，最简单的例子就是循环变量，如果循环变量不可变就出问题了。

1.6　小　结

语句 let 和 const 作为 ES 6 新增的声明变量的语句，解决了不少 var 语句所遗留的问题。如果项目是基于 ES 6 以上版本开发的，建议抛弃 var 语句，直接使用 let 或 const 语句。

第2章 表达式和运算符

在 ES 6 添加了解构赋值以便简化赋值代码，还为 Math 对象添加了不少新的方法，在 ECMAScript 2016（以下简称 ES 2016）添加了幂运算符，这些内容将在本章介绍。

2.1 解构赋值

所谓解构赋值，就是通过解析数组或对象的结构来为不同的变量提取值的方式。在没有解构赋值之前，我们定义变量并赋值，通常会使用以下类似的声明方式：

```
let x=1,y=2,z=3;
```

有了解构赋值之后，就可以简化为以下代码了：

```
let [x,y,z] = [1,2,3];
```

对比以上两种代码，大家可能觉得解构赋值也没那么神奇，不就是将变量名和值集中在一起，通过数组索引对应的方式来赋值吗，没看出有多大的好处，感觉就是代码的可读性高点。以上代码确实简单了点，如果考虑到以下情况，就会有不同的认识了。譬如，在页面中定义了一个高度和宽度都为 100 像素的 DIV 元素，背景颜色为红色，带有 data 属性且值为 1，使用了样式类 block，代码如下：

```
<div style="display:block;width: 100px;height:
100px;backgournd-color:red;" data="1" class="block" id="block1" ></div>
```

如果要把 DIV 元素的宽度、高度、背景颜色、样式类和 data 属性等数据取出来，习惯的做法如下：

```
let el = document.getElementById('block1');
let style = el.style,
    width = style.width,
    height = style.height,
    bg = style.backgroundColor,
    className = el.className,
```

```
    value = el.getAttribute('data');
console.log(width,height,bg,className, value); //100px 100px red block 1
```

代码是不是有点啰唆？下面来看看使用解构赋值怎么来取这些值：

```
let
{style:{width,height,backgroundColor:bg},className,attributes:{data:{value}
}} =el;
```

对比两段代码，会发现使用解构赋值的代码比较简洁，只需一行代码就可以为全部变量赋值。这是怎么实现的呢？事实上，两种赋值方式没什么不同，都是通过访问 Element 对象来获取所需的数据。它们的主要区别在于，第一种方式是手动挡，需要以手动的方式去获取数据，而使用解构赋值方式则是自动挡，把获取数据的路径设置好，JavaScript 引擎就会自行赋值，不需要人工干预。

在解构赋值的语句中，千万不要以为 style、backgroundColor、attributes 和 data 这些名称也是变量，它们只是路径，用来指定变量 width、height、bg 和 value 获取值的路径，如果使用 console.log 语句将它们输出，就会抛出引用错误，提示这些变量还没有定义。如果将对象拆解出来，会发现赋值过程其实和手动挡没有任何区别，如 "style.backgroundColor:bg" 相当于将 "el.style.backgroundColor" 的值赋给 bg，"className" 相当于将 "el.className" 的值赋给 classname，"attributes.data.value" 相当于将 "el. attributes.data.value" 的值赋给 value。

2.1.1　自定义变量名

在上一节的示例中，由于 width、height、className 和 value 都使用了对象的成员名称作为变量名，因而无须为它们添加任何额外的声明。对于成员 backgroundColor，由于不希望使用成员名称作为变量名称，因此在它的后面使用了冒号来为它声明新的变量名 bg，而这就是在对对象进行解构赋值时自定义变量名的实现方式，如希望将 width 的变量名修改为 w、height 的变量名修改为 h，可以将上面代码中路径 style 的代码修改如下：

```
style:{width:w,height:h,backgroundColor:bg}
```

这时，代码中的 width 和 height 是路径，而不再是变量名了。

2.1.2　剩余项

剩余项的作用是将数组或对象中剩余的项作为数组或对象赋值给某个变量，例如以下代码：

```
let [x,...y] = [1,2,3,4];
```

```
console.log(x,y); // 1 [ 2, 3, 4 ]
let {a,...b} = {a:1,b:1,c:1};
console.log(a,b); // 1 { b: 1, c: 1 }
```

从代码中可以看到，要获取剩余项，需要在变量名前添加"..."前缀，而且必须是最后一个元素，在第 1 行代码中，从数组取了一个值之后，就把数组余下的项都赋给了 y。在第 3 行代码中，从对象中取了 a 的值后，就把余下的项都赋给了 b。

2.1.3 默认值

为了防止解构时，由于变量获取不到值而被赋值为 undefined，可以为变量设置默认值，例如以下代码为变量 x、y 和 z 都设置了默认值 1：

```
let [x=1,y=1,z=1] = [1,2];
console.log(x,y,z); //1 2 1
```

从代码中可以看到，要为变量设置默认值，只需要在声明中直接为变量赋值就行了。以上代码中，由于 z 在解构时没有赋值，因此使用了默认值 1。对于对象的解构，默认值的设置与在数组中的设置是一样的。

2.1.4 函数参数

假如有一个列表，需要通过单击来切换列表项的背景颜色以表明该列表项是否已选中：

```
<ul id="list1">
    <li>选项1</li>
    <li>选项2</li>
    <li>选项3</li>
</ul>
```

为了减少单击事件的定义，都会在 UL 元素中绑定单击事件，然后通过事件的 target 对象来判断是哪个元素触发了事件。如果是列表项触发了事件，就需要修改列表项的背景颜色，在没有使用解构赋值的时候，需要使用以下方式来进行处理：

```
document.getElementById('list1').addEventListener('click',
    function onDivCLick(event){
        let target = event.target;
        if(target.tagName === 'LI'){
            let style = target.style;
            style.backgroundColor=style.backgroundColor === '' ? '#ededed' :
```

```
'';
        }
    }
);
```

若使用解构赋值，则简化为如下代码：

```
document.getElementById('list1').addEventListener('click',
    function({ target:{tagName,style} }){
        if(tagName === 'LI'){
            style.backgroundColor=style.backgroundColor === '' ? '#ededed' :
'';
        }
    }
);
```

2.1.5　忽略某些数据

如果在调用函数后的返回值是数组，或者在某些回调函数的参数中，有些数据是不需要的，可以忽略掉，例如以下代码：

```
function foo(){
    return [1,2,3];
}


let [,,z] =foo();
console.log(z); //3


function foo2(...[x,,y]){
    console.log(x,y);
}


foo2(1,2,3); //1,3
```

以上代码中，foo 返回了带有 3 个数值的数组，如果只想取最后一个值，可以通过不声明变量名的方式忽略掉前面两个值，也就是哪个数值不需要的时候，直接写逗号而不写变量名就能忽略掉不想要的数据。对于参数，则需要使用剩余项功能，然后从剩余项把不需要的参数忽略。

2.1.6　克隆数组

在 ES 6 之前，克隆数组需要使用 slice 方法，而现在，使用解构的剩余项功能就可以很轻松地实现克隆，例如以下代码：

```
var array = [1,2,3]
let [...clone] = array;
console.log(array); // [ 1, 2, 3 ]
clone.push(4);
console.log(clone); //[ 1, 2, 3, 4 ]
```

2.1.7　克隆对象

在 ECMAScript 2018（以下简称 ES 2018）添加了对象的展开功能，例如以下代码：

```
let obj = { x:1,y:1};
let obj1= {...obj,z:1};
console.log(obj1); // { x: 1, y: 1, z: 1 }
```

以上代码会自动将 obj 的成员复制到 obj1 内，使用这种方式克隆对象非常方便，不需要使用 Object.assign 方法，代码如下：

```
let obj = { x:1,y:1};
let obj1= {...obj};
console.log(obj1); // { x: 1, y: 1}
```

不过，要注意的是，使用这种方法克隆的对象是浅克隆，与 Object.assign 方法是一样的，在某些场合可能会有问题，例如以下代码：

```
let obj = { x:1,y:1, z:{ zz:1 }};
let obj1= {...obj};
obj1.z.zz =2;
console.log(obj.z.zz); // 2
```

从输出结果可以看到，在 obj 内的 z 并没有进行克隆，从而造成修改 obj1 的 z 的 zz 值会同时修改 obj 的 z 的 zz 值，在使用的时候一定要注意。

2.1.8　数据交换

在 ES 6 之前，要交换两个变量的数据，需要使用临时变量做中介，例如以下代码：

```
let x=1,y=2,temp=x;
x =y;
y=temp;
```

在 ES 6 中，使用解构就不需要中介变量了，代码如下：

```
let x=1, y=2;
[x,y] = [y,x];
```

2.1.9　返回多个值

无论是哪种编程语言，要在一个函数内返回多个值都是挺困难的事情，而现在，使用解构则相当轻松，例如以下代码：

```
function foo(){
    return [1,2];
}


let [x,y] = foo();
console.log(x,y); //1 2
```

如果希望代码更具可读性，可以使用将返回值修改为对象的方式，例如以下代码：

```
function foo(){
    return {x:1,y:2};
}


let {x,y} = foo();
console.log(x,y); //1 2
```

以上代码的优点是维护人员可以很直观地知道该函数返回的数据包含什么内容，而且在后期的更新维护中，可以很容易地修改所返回的数据，不必考虑数据在数组中的位置。虽然在写法上感觉有点累赘，但在代码可读性和可维护性上会更好。

2.2　幂运算符

在 ES 2016 之前，可以使用 Math 对象 pow 方法来进行幂运算，例如以下代码：

```
console.log(Math.pow(2,3)); //8
```

估计是在一个运算表达式中使用方法不太方便，于是在 ES 2016 中加入了幂运算"**"，以上的幂运算可以替换为以下代码：

```
console.log(2**3); //8
```

2.2.1 右结合

幂运算符是右结合的，也就是在一个表达式中，先计算右边的幂运算，再计算左边的幂运算，例如以下代码：

```
console.log(2**3**2); //512
```

以上代码按习惯思维会从左往右算，结果是 84，而实际上它会先算右边，再算左边，结果是 512，如果不注意，就会出错。要理解这点，把它想象为2^{3^2}，就可以很清楚地知道应该怎么计算了。如果要先计算左边，需要在左边添加括号。

2.2.2 带歧义的幂运算

如果使用以下幂运算的表达式，就会提示语法错误：

```
let x=-2**3;
```

以上代码出现语法错误的原因是无法确定算的是-2 的 3 次方还是负的 2 的 3 次方。为了明确计算方式，必须为表达式添加括号，例如以下代码：

```
let x=(-2)**3;
let x=-(2**3);
```

2.3 Math 对象

为了更好地提高通用数学计算的速度，以适应 JavaScript 的发展，在 ES 6 中，为 Math 对象添加了以下 16 个新方法。

- Math.acosh(x)：计算 x 的反双曲余弦值。
- Math.asinh(x)：计算 x 的反双曲正弦值。
- Math.atanh(x)：计算 x 的反双曲正切值。
- Math.cbrt(x)：计算 x 的立方根。
- Math.clz32(x)：计算 32 位整数 x 的二进制形式的起始处 0 的个数。
- Math.cosh(x)：计算 x 的双曲余弦值。

- Math.expm1(x)：计算 e^x -1 的值。
- Math.fround(x)：计算最接近 x 的单精度浮点数。
- Math.hypot(...values)：计算参数平方和的平方根。
- Math.imul(x, y)：计算两个参数以 32 位整数形式相乘的值。
- Math.log1p(x)：计算 1+x 的自然对数。
- Math.log10(x)：计算 x 的常用对数（以 10 为底）。
- Math.log2(x)：计算 x 以 2 为底的对数。
- Math.sign(x)： 判断 x 是负数、正数还是 0，当 x 为负数时返回-1，为+0、-0 和 null 时返回 0，为正数则返回 1，为其他值时，若值能转换为数字，则根据数字返回值，否则返回 NaN。
- Math.sinh(x)：计算 x 的双曲正弦值。
- Math.tanh(x)：计算 x 的双曲正切值。
- Math.trunc(x)：移除浮点型数值小数点后的数字，返回一个整型值。这是对 floor 方法和 round 方法的一个很好的补充。

2.4 小 结

解构赋值可以简化代码，值得好好去研究和使用。幂运算在一般网页开发中使用得比较少，了解即可。而对于 Math 对象的新方法，常用的是 sign 方法和 trunc 方法，需记住它们的用途。

第3章 字符串

JavaScript 的一大重要功能就是与页面实现交互，而这免不了要使用字符串或者模板功能，在 ES 6 之前，字符串的功能已经相当不错，但对于新的 UTF 支持得还不够，因而在 ES 6 中对此进行了改进。对于模板功能，ES 6 之前基本没有，之后加入模板字面量解决了这个问题。本章将介绍与字符串和模板字面量相关的改进。

3.1 四字节字符的定义方式

在 ES 6 之前，可以使用 "\uxxxx" 的形式来表示一个字符，但字符的范围限定在\u0000和\uFFFF 之间，要想显示扩展字符集，必须采用两个双字节的形式来定义，例如下面的笑脸：

```
console.log('\uD83D\uDE42');
```

虽然这样显示没问题，但是总不能每次拿到四字节字符的编码都要将它转换为两个双字节编码才能使用，因而，在 ES 6 中添加了新的编码定义方式，使用花括号来指定字符的编码，如笑脸可以采用以下方式定义：

```
console.log('\u{1F642}');
```

这样定义就方便多了，不需要做任何转换，把编码定义在花括号内就行了。

3.2 新增的方法

3.2.1 codePointAt 方法

JavaScript 原有的 charCodeAt 方法只能处理双字节字符，不能处理四字节字符，使用它不能正确返回四字节字符的编码，因而在 ES 6 中添加了 codePointAt 方法来代替 charCodeAt 方法，例如以下返回笑脸编码的代码：

```
console.log('\u{1F642}'.charCodeAt(0)); // 55357
```

```
console.log('\u{1F642}'.codePointAt(0)); // 128578
```

通过判断字符的编码值可以很容易地判断该字符是双字节字符还是四字节字符,只要编码值大于 65535(0xFFFF),就说明该字符是四字节字符。

3.2.2　fromCodePoint 方法

String 对象的静态方法 fromCodePoint 可将字符的编码转换为字符,例如知道笑脸的编码 128578,就可以使用 fromCodePoint 方法来返回字符,代码如下:

```
console.log(String.fromCodePoint(128578));
```

需要注意的是,fromCodePoint 方法是静态方法,要通过 String 对象调用。

fromCodePoint 方法可接收多个参数,并以字符串形式返回全部字符,例如以下代码:

```
let str =String.fromCodePoint(128578,128579,128580);
console.log(str);
```

以上代码传递了 3 个参数给 fromCodePoint 方法,并返回了一个包含 3 个字符的字符串。

3.2.3　normalize 方法

在 Unicode 中,有些字符会有两种表示方式,如重音符号,这种类型的字符可能是单一的字符,也可能是合成的字符,因而一种字符会有两种编码方式。例如,以下两行代码,虽然编码不同,但显示的结果是一样的:

```
console.log('\u212b'); //Å
console.log('\u0041\u030a'); //Å
```

如果对以上两个字符进行比较,就会认为不是同一字符。为了解决这个问题,需要对这些字符进行规范化,以便正确比对。方法 normalize 的作用就是根据指定的规范化形式[1]来将字符规范化。在 Unicode 标准中主要包含以下 4 种规范化形式。

- NFC: Normalization Form Canonical Composition,以标准等价[2]方式来分解,然后以标准等价重组。这是 normalize 方法的默认参数。
- NFD: Normalization Form Canonical Decomposition,以标准等价方式来分解。

---

[1] 有关规范化形式的详细信息可参阅:http://www.unicode.org/reports/tr15/。
[2] 标准等价是指保持视觉和功能上的等价。

- NFKC: Normalization Form Compatibility Composition，以兼容等价[1]方式来分解，然后以标准等价重组。
- NFKD: Normalization Form Compatibility Decomposition，以兼容等价方式来分解。

将字符规范化后，比对就没有问题了，例如以下代码：

```
let str1='\u212b',
    str2='\u0041\u030a';
console.log(str1 == str2); //false
console.log(str1.normalize() === str2.normalize()); //true
console.log(str1.normalize('NFD') === str2.normalize('NFD')); //true
console.log(str1.normalize('NFKC') === str2.normalize('NFKC')); //true
console.log(str1.normalize('NFKD') === str2.normalize('NFKD')); //true
```

从以上代码可以看到，如果直接比较字符"\u212b"和字符"\u0041\u030a"，那么它们是不相等的，而通过规范化（任何一种形式）之后，它们就是相等的。

3.2.4 includes 方法

在 ES 6 之前，只能使用 indexOf 方法来判断一个字符串是否包含另一个字符串，现在多了一个选择，就是 includes 方法。使用 includes 方法的好处是不再需要根据 indexOf 的返回值是否为-1 来确定是否包含字符串，例如以下代码：

```
let str ='hello word';
console.log(str.indexOf('word') >= 0); //true
console.log(str.includes('word')); //true
```

3.2.5 startsWith 方法

与 includes 方法类似，startsWith 方法免去了判断 indexOf 的返回值是否为 0 的代码，可以方便地判断在字符串的起始处是否包含另一字符串，例如以下代码：

```
console.log(str.indexOf('hello') === 0); //true
console.log(str.startsWith('hello')); //true
```

还可以为 startsWith 方法指定起始位置来判断字符串从第 n+1 个字符开始是否包含另一个

---

[1] 兼容等价更关注纯文字的等价，并把一些语义上的不同形式归结在一起。

字符串，这与判断 indexOf 的返回值是否等于 n 的效果是一样的，例如以下代码：

```
console.log(str.indexOf('word') === 6); //true
console.log(str.startsWith('word',6)); //true
```

3.2.6　endsWith 方法

endsWidth 方法与 startsWith 方法的用法类似，只不过是从字符串最后开始搜索的，例如以下代码：

```
console.log(str.endsWith('word')); //true
```

与 startsWith 方法类似，endsWidth 方法可以指定搜索的起始位置，代码如下：

```
console.log(str.endsWith('wo',8)); //true
```

与 startsWith 方法设置的是被搜索的字符串的起始位置不同，endsWidth 方法设置的是被搜索字符要截取来进行搜索的字符串的长度，如"hello word"取前面 8 个字符是"hello wo"，然后进行搜索才能找到 wo。

3.2.7　repeat 方法

在 ES 6 之前，如果想重复 n 次某个字符串以生成新的字符串，必须使用循环来实现，相当麻烦。在 ES 6 中终于加入了 repeat 方法来实现这个功能，例如以下代码：

```
console.log('#'.repeat(10)); //##########
```

3.2.8　padStart 和 padEnd 方法

在处理字符串的时候，重复字符和填充字符是常用的功能，在 ES 6 中已实现了重复字符的功能，填充字符的功能直到 ES 2017 才实现，这就是 padStart 和 padEnd 方法。方法 padStart 会在字符串前填充字符，方法 padEnd 会在字符串后面填充字符，例如以下代码：

```
console.log('9.10'.padStart(8)); //    9.10
console.log('9.10'.padEnd(8,'0')); //9.100000
```

从以上代码可以看到，两个方法的第一个参数用于指定字符串的总长度，若第二参数为空，则使用空格填充，若不为空，则使用第二个参数指定的字符串填充。需要注意的是，如果指定的字符串长度超过需要填充的字符长度，就会截断指定的字符串再填充，例如以下代码：

```
console.log('a'.padStart(8,'123456789')); //1234567a
```

以上代码中，字符串的总长度为8位，需要填充7个字符，而要填充的字符串长度为9，需要先截断填充的字符串再填充。

3.3 正则表达式

3.3.1 u标志

JavaScript 的正则表达式与字符串一样，在 ES 6 之前只支持双字节字符，现在要支持四字节字符就得做点修改，于是增加了 u 标志，用于指定正则表达式的工作模式为字符，而不是 16 位的编码单元（code unit），例如以下代码：

```
console.log(/^.$/.test('\u{1F642}')); //false
console.log(/^.$/u.test('\u{1F642}')); //true
```

以上正则表达式用于测试字符串是否由单个字符串组成，如果不带 u 标志，笑脸字符就会被认为是两个字符，因而测试结果为 false，加了 u 标志后，笑脸就会被认为是 1 个字符，返回 true。

3.3.2 y标志

在 ES 6 中，正则表达式除了加入 u 标志外，还加入了 y 标志，它的作用与 g 标志有些相似，都是进行全局匹配，主要的区别在于 g 标志搜索到匹配后，不管位置，都会继续从余下的字符串中继续搜索，而 y 标志则必须从匹配后余下的字符串中的第一个位置开始，例如以下代码：

```
let str = "hello hello hello",
    g = /hello?/g,
    y = /hello\d?/y;
console.log(g.exec(str)); //[ 'hello', index: 0, input: 'hello hello
hello' ]
  console.log(y.exec(str)); //[ 'hello', index: 0, input: 'hello hello
hello' ]
  console.log(g.exec(str)); //[ 'hello', index: 6, input: 'hello hello
hello' ]
  console.log(y.exec(str)); //null
```

从输出结果可以看到，g 标志的正则表达式在执行第二次 exec 操作时还有结果，而 y 标志的正则表达式则为 null，原因就是 y 标志在执行第二次操作时是从空格开始的，因而不存在匹配项。如果将字符串中的空格去掉，y 标志就能继续返回结果了。

3.3.3　DOTALL 模式（s 标志）

在默认情况下，正则表达式的点号（.）是不会匹配行终结符的，例如以下代码：

```
let regex = /hello . world/;
//换行符
console.log(regex.test('hello \n world'));  //false
//回车
console.log(regex.test('hello \r world'));  //false
//行分隔符
console.log(regex.test('hello \u{2028} world'));  //false
//段分隔符
console.log(regex.test('hello \u{2029} world'));  //false
```

在 ES 2018 之后，加上了 s 标志，点号就可以匹配以上的行终结符换行符。

虽然点号号称能匹配除了换行符之外的所有字符，但是对于 Unicode 字符是不匹配的，例如以下代码：

```
console.log(regex.test('hello  world'));  //false
```

要点号能匹配 Unicode 字符，得加上 u 标志，例如以下代码：

```
console.log(/aaa.bbb/u.test('aaa bbb'));  //true
```

如果在正则表达式中加上 u 和 s 标志，那么点号就真的能匹配任何字符了，这就是所谓的DOTALL 模式。

3.3.4　flags 属性

为了方便获取正则表达式的标志，在 ES 6 中添加了 flags 属性，例如以下代码：

```
let reg = /hello?/igu;
console.log(reg.flags); //giu
```

3.3.5　命名捕获组

在 ES 2018 之前，正则表达式的捕获组功能只支持通过数组索引来访问结果，现在可以为捕获组进行命名，然后通过名称来访问结果，例如以下代码：

```
let regex = /^(?<year>\d{4})-(?<month>\d{1,2})-(?<day>\d{1,2})/;
let {groups: {year,month,day}} = regex.exec('2018-01-30');
console.log(year,month,day);  // 2018 01 30
```

从代码可以看到，要对捕获组进行命名，需要以问号开头，然后在尖括号内定义名称。在访问结果的时候，需要使用 groups 属性，使用解构的方式可以很方便地解构出结果，然后使用。

3.3.6 在后向引用中使用命名捕获组

要在后向引用中使用命名捕获组，需要在后向引用中使用"\k<name>"的形式来定义引用，例如以下代码：

```
let regex = /(?<aaa>aaa) \k<aaa>/;
console.log(regex.test('aaa aaa '));  //true
console.log(regex.test('aaa aa '));  //false
```

3.3.7 在替换中使用命名捕获组

在使用字符串的 replace 方法时，也可以使用命名捕获组，这时需要使用"$<name>"的方式来定义引用，例如以下代码：

```
let regex = /^(?<year>\d{4})-(?<month>\d{1,2})-(?<day>\d{1,2})/;
console.log('2018-01-30'.replace(regex,'$<year>年$<month>月$<day>日'));
//2018年01月30日
```

3.3.8 Unicode 属性转义

在 Unicode 标准[1]中，为每个符号分配了各种属性和属性值，通过这些属性和属性值就可以来检索这些字符。为了能在正则表达式中使用这些属性和属性值来匹配对应的 Unicode 字符，在 ES 2018 中加入了 Unicode 属性转义功能。

要使用属性转义功能，需要在正则表达式内使用"\p{property[=value]}"（[]内的为可选项）的定义来指定属性和值，例如以下代码用于测试字符串中是否包含空白字符：

```
console.log(/\p{White_Space}+/u.test('aaa\tbbb'));  //true
```

如果要匹配汉字，可以使用以下代码：

```
console.log(/\p{Script=Han}/u.test('aaaφbbb'));  //false
```

---

[1] 有关 Unicode 标准的属性和属性值的详细信息，可参阅：http://www.unicode.org/versions/Unicode9.0.0/ch03.pdf。

```
console.log(/\p{Script=Han}/u.test('aaa汉字bbb'));  //true
```

在 Unicode 代码中，通过 Script 属性对字符进行语言划分，而汉字的属性值为 Han，通过检索字符的 Sciprt 属性的值是否为 Han 就可以判断字符是否为汉字。在第一句代码中，由于 φ 不是汉字，因而结果为 false；在第二句中，"汉字"是汉字，因而结果为 true。在使用时别忘了添加 u 标志，不然结果永远为 false。

3.3.9 后行断言

环视（Lookarounds）是一种检查字符串匹配而不消耗任何内容的零宽度断言。在 ES 2018 之前的版本中只有前行（Lookahead）断言，而没有后行（Lookbehind）断言。在 ES 2018 中，把这环补全了。

后行（Lookbehind）断言在语法上与前行断言的主要区别是问号和等号（或叹号）之间多了一个 "<" 符号。后行断言与前行断言一样，也分肯定断言（使用等号）与否定断言（使用叹号）两种，例如以下代码：

```
let price1 = '￥60';
let price2 = '$10';
let regexPositive = /(?<=￥)\d+/u;
let regexNegative = /(?<![￥\d])\d+/u;
console.log(regexPositive.exec(price1)); // [ '60', index: 1, input: '￥60', groups: undefined ]
console.log(regexPositive.exec(price2)); // null
console.log(regexNegative.exec(price1)); // null
console.log(regexNegative.exec(price2)); // [ '10', index: 1, input: '$10', groups: undefined ]
```

以上代码中，前两句输出使用的是肯定断言，用于获取货币符号为￥的金额，而后两句输出使用的是否定断言，用户获取货币符号不为￥的金额。在使用否定断言的时候一定要小心，如果不在断言中添加 "\d"，那么会因为数字也不是货币符号￥而符合测试要求，在检查 price1 的时候会输出 "['0', index: 2, input: '￥60', groups: undefined]"，而这并不是我们想要的结果。

3.4 模板字面量

使用 JavaScript 比较头疼的事情就是没有模板，而模板在与页面交互时又是常用的。为了解决模板问题，各框架都会根据需要定义自己的模板系统。在不使用框架的时候，通常都会为 String 对象添加一个 format 函数来实现模板功能，代码如下：

```
if (!String.prototype.format) {
  String.prototype.format = function() {
    var args = arguments;
    return this.replace(/{(\d+)}/g, function(match, number) {
      return typeof args[number] != 'undefined'
        ? args[number]
        : match
      ;
    });
  };
}

console.log('欢迎来自{0}的{1}。'.format('广东','小明')); //欢迎来自广东的小明。
```

以上的 **format** 函数解决了字符串拼接的问题，但解决不了多行文本问题。为了处理多行文本，习惯的做法是用数组来拼接字符，例如以下代码：

```
let msg = [
    '行1',
    '行2',
    '行3',
];
console.log(msg.join('\n'));
/*
行1
行2
行3
*/
```

以上代码虽然可以很好地解决模板问题，但不太方便，于是在 ES 6 内添加了模板字面量。

3.4.1 语法

要定义模板字面量，需要使用反引号（`，位于 Tab 键上方）来定义字符串，例如以下代码：

```
let msg = `hello word!`;
console.log(msg); //hello word
```

3.4.2　多行文本

要使用模板字面量来定义多行文本，直接将文本分行就行，例如以下代码：

```
let msg = `
行1
行2
行3
`;
console.log(msg);
```

以上代码与使用数组来定义多行文本的效果一样，但代码书写方便很多。需要注意的是，如果在行前面使用缩进，那么缩进所用到的空白字符会成为字符串的一部分，会影响字符串长度的统计。

3.4.3　嵌入数据

对于模板来说，嵌入数据的功能是必不可少的，模板字面量当然也不例外。在模板字面量内要嵌入数据时，可以使用占位符"${}"来实现。在占位符内，可以嵌入变量、表达式、函数或对象的成员等数据，具体代码如下：

```
let name = '小明',
    str = `你好，${name}！`,
    num = 3,
    str1 = `3的平方是${num**2}`,
    foo = function(){ return 2},
    str2 = `foo的返回值是${foo()}`,
    point = {x:1,y:2},
    str3 =`点的x坐标是${point.x},y坐标是${point.y}`;
console.log(str); //你好，小明！
console.log(str1); //3的平方是9
console.log(str2); //foo的返回值是2
console.log(str3); //点x的坐标是1，y的坐标是2
```

3.4.4　嵌套模板

在一个项目中，数据往往会以数组加对象的形式返回。要将这些数据转换为 HTML 点，需要使用嵌套模板，例如以下代码：

```
let menuData = [
    { text: '主页', url: '/home' },
    { text: '产品', url: '/products' },
    { text: '服务', url: '/services' },
    { text: '关于我们', url: '/about-us' },
    { text: '联系我们', url: '/contact-us' },
  ];

let menu = `
<ul class="nav">
${menuData.map(item=>`
    <li class="nav-item">
      <a class="nav-link" href="${item.url}">${item.text}</a>
    </li>
  `
).join('')}
</ul>
`;

console.log(menu);
```

输出结果:

```
<ul class="nav">

    <li class="nav-item">
      <a class="nav-link" href="/home">主页</a>
    </li>

    <li class="nav-item">
      <a class="nav-link" href="/products">产品</a>
    </li>

    <li class="nav-item">
      <a class="nav-link" href="/services">服务</a>
    </li>

    <li class="nav-item">
      <a class="nav-link" href="/about-us">关于我们</a>
    </li>

    <li class="nav-item">
```

```
    <a class="nav-link" href="/contact-us">联系我们</a>
  </li>

</ul>
```

假如在服务器返回了如 menuData 所定义的菜单数组,要将数组中的菜单项转换为 LI 元素,就需要在 UL 元素内嵌套模板来实现。在嵌套模板中,使用了数组的 map 方法来遍历数组的元素,并使用模板将菜单项转换为 LI 元素。由于 map 方法返回的是一个数组,因此需要在 map 方法之后调用 join 方法将返回的数组合并为字符串。

如果不使用模板来实现这个功能,就需要使用以下代码来拼接 LI 元素:

```
li = '<li class="nav-item"><a class="nav-link" href="' + item.url + '">'
+ item.text + '</a></li>';
```

对比两组代码,会发现使用模板更简便,减少了单引号和双引号带来的困扰,代码结构也更清晰,修改起来也容易。

3.4.5　带标签的模板字面量

在模板字面量的定义前可以添加一个函数名称,以便让该函数来处理模板字面量,例如以下代码:

```
function tag(strings, ...keys){
    console.log(strings); //[ '你好,来自', '的', '!' ]
    console.log(keys); //[ '广东', '小明' ]
}

let name = '小明',
    province = '广东',
    str = tag`你好,来自${province}的${name}！`;
```

以上代码中,在模板字面量前面添加了标签 tag,这样在执行该语句时就会调用 tag 函数来处理模板字面量提供的数据。在 tag 函数中,如果把嵌入的数据合并为一个参数处理,就可以如代码中那样只接受两个参数。从输出的参数可以看到,模板字面量会将字符串根据嵌入数据的位置拆分为字符串数组,以便处理。嵌入的数据则根据嵌入的顺序依次传递给 tag。

3.4.6　原始值

在标签函数的第一个参数中,有一个 raw 属性,可以访问模板字面量的原始字符串,主要是指访问字符未转义之前的字符串,例如以下代码:

```
function tag(strings, ...keys){
    console.log(strings[0]);
    //你好!
    //来自
    console.log(strings.raw[0]); //你好! \n来自
}

let name = '小明',
    province = '广东',
    str = tag`你好! \n来自${province}的${name}! `;
```

在以上代码中,如果直接输出字符串, "\n"就被转义为换行符了,而通过 raw 属性来输出, "\n"就以原来的形式输出。

3.4.7 转义字符序列的功能修改

在 ES 2018 之前,使用 String 的 raw 方法或标签函数来获取模板字面量的原始字面量时,都会对转义字符"\u""\u{}""\x"和"\数字开头"(八进制)的"\"符号进行转义,例如以下代码:

```
String.raw `\uD83D \u{1F642} \xff \125`; //"\\uD83D \\u{1F642} \\xff \\125"
```

这本来没什么问题,但在字符串中包含类似的转义字符的时候,如"\unicode \uD83D",获取到的原始字面量将会是"\\unicode \\uD83D",这时就很难区分到底是不是 unicode 字符了。为了修正这种情况,在 ES 2018 中,再定义类似"\unicode"这样的模板字面量,将会提示语法错误,而在获取原始字面量的时候,也不再转义"\"了。

3.5 小 结

本章主要讲述了 ES 6 之后字符串的变化,这些新增的功能都是我们期待很久的功能。有时候为了实现这些简单的功能,需要写不少代码来实现,而且每做一个项目就得复制粘贴一次,也是挺麻烦的,现在内置在 JavaScript 引擎之中就不用那么麻烦了。

模板字面量为我们带来了新的字符串处理方式,这是很好的改变,但功能上还是有所欠缺的,希望在未来的版本能继续改进。

第4章 数字和符号

在 ES 6 中，为了解决数字类型数据引起的问题，做了一些小的改动。而更大的改动是引用新的数据类型——符号（Symbol），该类型主要的作用是用来创建对象的私有成员。在没有符号类型之前，使用字符串来作为私有成员的名称，无论如何实现，都可以轻易地被访问，因而，所谓的私有成员只是象征意义上的私有，实际上并不私有。有了符号之后，就可以避免出现这种尴尬的情况了。在本章将介绍这些改进。

4.1 数 字

为了减少全局函数及解决在整型值判断和处理上的问题，在 Number 对象中添加了一些方法。

4.1.1 Number.isFinite()

在 ES 6 之后，有两个 isFinite 方法，一个是全局方法，另一个是 Number 对象的方法，这一点要注意。全局方法在执行判断之前，会先将提供的数据转换为数值再进行判断，而 Number 对象的方法则不会进行这样的操作，只要提供的数据是非数字，就一律返回 false，例如以下代码：

```
var num = 2,
    nan = NaN,
    infinity = Infinity,
    str = '2';
console.log(isFinite(num)); //true
console.log(isFinite(nan)); //false
console.log(isFinite(infinity)); //false
console.log(isFinite(str)); //true
console.log(Number.isFinite(num)); //true
console.log(Number.isFinite(nan)); //false
console.log(Number.isFinite(infinity)); //false
console.log(Number.isFinite(str)); //false
```

从以上代码中可以看出，使用 Number 对象的方法可以更方便地检查出变量到底是不是有限的数字。

4.1.2　Number.isNaN()

与 isFinite 方法一样，在 ES 6 之后也带有两个 isNaN 方法，一个是全局的，另一个是 Number 对象的方法，而且在操作上也是相似的，Number 对象的方法不会进行数据转换操作，例如以下代码：

```
var num = 2,
    nan = NaN,
    infinity = Infinity,
    str = '2a';
console.log(isNaN(num)); //false
console.log(isNaN(nan)); //true
console.log(isNaN(infinity)); //false
console.log(isNaN(str)); //true
console.log(Number.isNaN(num)); //false
console.log(Number.isNaN(nan)); //true
console.log(Number.isNaN(infinity)); //false
console.log(Number.isNaN(str)); //false
```

对比两个方法的结果，感觉全局方法更靠谱点，毕竟字符串"2a"确实是非数字，用 Number 方法反而是 false。如果只是判断数值是否为 NaN，用 Number 的方法更有效。

4.1.3　Number.parseInt()和 Number.parseFloat()

Number 对象的 parseInt 方法和 parseFloat 方法只是将全局方法移植到了 Number 对象而已，在使用上没有区别。

4.1.4　Number.isInteger()

方法 isInteger 是新增的方法，用于判断值是否是整数值。要注意的是，由于 JavaScript 是使用 IEEE754 编码系统来表示整型与浮点型的，因此对于 2.0 这样的浮点型，在存储形式上可能是整型，例如以下代码：

```
console.log(Number.isInteger(2)); //true
console.log(Number.isInteger(2.0)); //true
console.log(Number.isInteger(2.1)); //false
```

从以上代码中可以了解到，与其他开发语言有所不同，将数字写成浮点形式并不意味着数字就是以浮点形式进行存储的。

4.1.5 安全整型

IEEE754 所能表述的整型值范围为-2^{53}~2^{53}，当超出这个范围的时候，就会被舍入为-2^{53}或2^{53}，例如以下代码：

```
let num = 2**53,
    num1 = num+1;
console.log(num); //9007199254740992
console.log(num1); //9007199254740992
console.log(-num); //-9007199254740992
console.log(-num1); //-9007199254740992
console.log(Number.isSafeInteger(num)); //false
console.log(Number.isSafeInteger(num1)); //false
console.log(Number.isSafeInteger(-num)); //false
console.log(Number.isSafeInteger(-num1)); //false
console.log(Number.isSafeInteger(num-1)); //true
console.log(Number.isSafeInteger(-(num-1))); //true
```

从代码中可以看到，当整型值超出范围时都会舍入为-2^{53}或2^{53}，也就无法确切知道该值具体是什么值了，能确切知道该值是什么值的范围是$-（2^{53}-1）$~$2^{53}-1$的值（包含边界值），而这也就是所谓的安全整数。方法 isSafeInteger 的作用就是验证整数值是否是一个安全整数。

4.2 符号

符号类型没有字面量形式，只能通过全局的 Symbol 函数来创建，这在 JavaScript 中是非常独特的，例如以下代码：

```
let symbol = Symbol(),
    symbol1 = Symbol('1');
console.log(symbol); //Symbol()
console.log(symbol1); //Symbol(1)
```

从以上代码中可以看到，创建符号使用的是 Symbol 函数，而不是通过 new Symbol()来创建的，这会抛出错误。在创建符号的时候，可以传递一个字符串给 Symbol 函数以描述这个符号。要注意的是，这个描述性字符串不能通过属性来访问，也不能通过描述来获取符号，作用只限于在调试时描述当前符号是什么，以便调试和代码阅读。为符号加上描述是好的习惯，这样既便于调试又便于代码阅读。

4.2.1　值的唯一性

千万不要以为描述字符串相同，符号值就是一样的，实际上不是的，只要执行一次 Symbol 函数，就会创建一个唯一的符号值，例如以下代码：

```
let symbol = Symbol(),
    symbol1 = Symbol(),
    symbol2 = Symbol('1'),
    symbol3 = Symbol('1');
console.log(symbol,symbol1,symbol2,symbol3); //Symbol() Symbol() Symbol(1)
Symbol(1)
console.log(symbol === symbol1); //false
console.log(symbol2 === symbol3); //false
```

从输出上来看，貌似 symbol 和 symbol1、symbol2 和 symbol3 是相等的，实际上是不相等的，这个一定要注意。这也提醒我们在为符号值添加描述的时候，尽量不要出现重复的描述值，不然调试的时候会很麻烦。

4.2.2　私有成员

在 1.3.5 节中，使用了局部（块级）变量来模拟私有成员，虽然隐藏了私有成员，但存在全部实例共享同一个局部（块级）变量的问题，例如添加以下代码再运行会发现 car 的颜色已经变成 car1 的初始颜色 blue 了：

```
let car1 = new Car('blue');
console.log(car.getColor()); // blue
```

要解决共享的问题，可以将代码修改如下：

```
let Car;
{
    //私有变量
    let _color = 'color';

    //构造函数
    Car = function(color){
        this[_color] = color;
    }
```

```
    Car.prototype.setColor = function(value){
        this[_color] = value;
    }


    Car.prototype.getColor = function(){
        return this[_color];
    }
}

let car = new Car('red');
let car1 = new Car('blue');
console.log(car.getColor()); // red
console.log(car.color); //red
console.log(car);  //Car { [Symbol(color)]: 'red' }
```

现在没有共享问题了，但又出现了一个新的问题，color 已经不是私有成员了，成了公有成员，可以直接通过对象访问。要解决这个问题，可以使用符号来代替字符串 color，代码如下：

```
let _color=Symbol('color');
```

代码修改并运行后，发现 color 成员现在是 undefined，是不存在的。通过查看对象 car，可以看到符号属性，但要访问这个符号属性，直接访问是不大可能的。如果想通过 for...in 循环遍历成员的方式来获取成员名称再来获取，也是获取不到的，例如以下代码：

```
for(let member in car){console.log(member)}
// setColor
// getColor
```

从输出结果可以看到，在 car 内只能找到 setColor 和 getColor 两个成员，找不到符号属性，这说明使用符号属性可以很好地隐藏成员，起到私有成员的作用。

4.2.3　获取符号属性

如果确实需要获取符号属性，也是可以的，这需要使用 Object 对象的 getOwnPropertySymbols 方法，例如以下代码：

```
let properties = Object.getOwnPropertySymbols(car);
console.log(properties); //[ Symbol(color) ]
console.log(car[properties[0]]); //red
```

从代码可以看到，在调用 getOwnPropertySymbols 方法后，car 的符号属性会以数组形式返回，然后就可利用这个数组返回符号属性的值了。

4.2.4　全局共享

有时候，需要在不同的代码段或作用域中使用相同的符号值，为了实现这点，可能会考虑将这个符号值作为全局变量使用，但这种方式是不建议的。更好的方式是使用全局共享的符号值，如将 Car 对象 _color 变量的赋值语句修改为以下语句：

```
let _color = Symbol.for('color');
```

然后在 car 的赋值语句下添加以下代码：

```
let symbol = Symbol.for('color');
console.log(car[symbol]); //red
```

从以上代码的输出结果可以知道，symbol 的符号值与 _color 的符号值是相等的，不然就不能从 car 对象获取 red 值了，而这说明通过 Symbol 的 for 方法创建的符号值是可以共享的。能实现共享的原因是有一个全局符号注册表，该注册表会以 for 方法的参数作为键值，然后通过这个键值寻找符号值，如果存在，就返回符号值，否则创建一个新的符号值。

要返回某个共享符号值的键值，可使用 keyFor 方法，例如以下代码：

```
console.log(Symbol.keyFor(symbol)); //color
```

4.3　众所周知的符号

除了自定义符号外，在 ES 6 中还通过一些众所周知（Well-known）的符号来暴露内部逻辑，以便开发者使用这些符号的原型属性来定义某些对象的基础行为。

4.3.1　Symbol.hasInstance

Symbol.hasInstance 方法用于判断某个对象是否为某个构造器的实例，例如以下代码：

```
class Car {}
let car = new Car();
console.log(car instanceof Car); //true
console.log(Car[Symbol.hasInstance](car)); //true
```

从以上代码可以看到，使用 Symbol.hasInstance 方法与使用 instanceof 来判断对象是否是一个实例的效果是一样的。

我们可以通过重写 Symbol.hasInstance 方法来实现一些特殊的功能，如在判断实例时，永远返回 false，将以上的类定义代码修改为以下代码就行了：

```
class Car {
    static [Symbol.hasInstance](obj){
        return false;
    }
}
```

以上代码没什么实际用途，只会造成混乱，因而重写 Symbol.hasInstance 方法时需要慎重。

4.3.2 Symbol.isConcatSpreadable

Symbol.isConcatSpreadable 用于确定某个对象在作为 Array.prototype.concat 方法的参数时，是否对它的数组元素进行拼合，例如以下代码：

```
let color1 = ['white', 'red'],
    color2 = ['yellow', 'black'];
//默认行为
console.log(color2.concat(color1)); //[ 'yellow', 'black', 'white', 'red' ]
//不允许数组元素拼接
color1[Symbol.isConcatSpreadable] = false;
console.log(color2.concat(color1));
//[ 'yellow',
// 'block',
// [ 'white', 'red', [Symbol(Symbol.isConcatSpreadable)]: false ] ]
```

从以上代码可以看到，concat 方法的默认行为（Symbol.isConcatSpreadable 默认为 true）是拼合数组的元素，如果将 Symbol.isConcatSpreadable 设置为 false，就不允许拼合数组的元素，直接把数组作为拼合对象。

对于类数组的对象，通过设置 Symbol.isConcatSpreadable 为 true 就可以对对象的元素进行拼合，例如以下代码：

```
let color1 = ['white', 'red'],
    color2 = { [Symbol.isConcatSpreadable]: true, 0:'yellow',1: 'black',
length:2 };
    console.log(color1.concat(color2)); //[ 'white', 'red', 'yellow', 'black' ]
```

4.3.3 Symbol.iterator

Symbol.iterator 为每一个对象定义了默认的迭代器[1]，该迭代器可以被 for...of 循环使用。可以通过重写 Symbol.iterator 方法的方式为对象创建自定义的迭代器，例如以下代码：

```
let color ={
    [Symbol.iterator]: function*(){
        yield 'red';
        yield 'blue';
        yield 'yellow';
    }
};
for(let c of color){console.log(c)};
// red
// blue
// yellow
```

4.3.4 Symbol.match

在调用 String.prototype.match 方法时，会调用正则表达式的 Symbol.match 方法。通过重写该方法可以实现指定的匹配。

4.3.5 Symbol.replace

在调用 String.prototype.replace 方法时，会调用指定的正则表达式的 Symbol.replace 方法。通过重写该方法可以实现指定的替换。

4.3.6 Symbol.search

在调用 String.prototype.search 方法时，会调用指定的正则表达式的 Symbol.search 方法。通过重写该方法可以实现指定的搜索。

4.3.7 Symbol.split

在调用 String.prototype.split 方法时，会调用指定的正则表达式的 Symbol.split 方法。通过重写该方法可以实现指定的分割字符串的方法。

4.3.8 Symbol.species

Symbol.species 是一个函数值属性，用于创建派生对象的构造函数。Symbol.species 的主要

---

[1] 有关迭代器的内容，请参阅第 9 章。

作用是数组或类型化数组的派生类在调用 map、concat、slice 或 splice 等方法后，让结果保持父类的结果，例如以下代码：

```
class MyInt16Array extends Int16Array {
    static get [Symbol.species]() { return Int16Array; }
}
let int16 = new MyInt16Array([1,2,3]);
let map = int16.map(x=>x**2);
console.log(map); //Int16Array [ 1, 4, 9 ]
console.log(map instanceof MyInt16Array); //false
console.log(map instanceof Int16Array); //true
```

以上代码从类型化数组 Int16Array 派生了 MyInt16Array 类，如果不修改 Symbol.species，在调用 map 方法时将返回类型为 MyInt16Array 的数据，而我们预期的结果是让它返回 Int16Array 类型的数据，这时候就要修改 Symbol.species，改变返回结果的构造函数，让结果成为 Int16Array 类型的数据。

4.3.9　Symbol.toPrimitive

在将对象转换为基本类型值的时候，会调用 Symbol.toPrimitive 方法来进行相应的转换。Symbol.toPrimitive 方法需根据参数 hint 的值来确定需要将对象转换为什么类型的基本类型值。hint 的值只有 number、string 或 default 三种可能，当值为 number 时，方法应当返回一个数值；当值为 string 时，方法应当返回一个字符串；当值为 default 时，对返回值没有特殊要求。

通过修改对象的 Symbol.toPrimitive 方法可以实现一些特殊需求，如数组在转换为字符串时默认会以逗号分隔数组元素。现在，我们需要使用顿号来分隔数组元素，可以使用以下代码：

```
let colors = ['red', 'blue', 'yellow'];
console.log(`颜色包含有：${colors}`); //颜色包含有：red、blue、yellow
colors[Symbol.toPrimitive] = function(hint){
    if(hint === 'string'){
        return this.join('、')
    }
}
console.log(`颜色包含有：${colors}`); //颜色包含有：red、blue、yellow
```

4.3.10　Symbol.toStringTag

在对象内部，Symbol.toStringTag 用来指定对象的类型标签。在调用 Object.prototype.toString 方法时，会返回该对象的类型标签，例如以下代码：

```
let t = Object.prototype.toString;
console.log(t.call('string')); //[object String]
console.log(t.call(2)); //[object Number]
console.log(t.call(true)); //[object Boolean]
console.log(t.call(null)); //[object Null]
console.log(t.call(undefined)); //[object Undefined]
console.log(t.call(Symbol())); //[object Symbol]
console.log(t.call([1,2,3])); // [object Array]
console.log(t.call({})); //[object Object]
console.log(t.call(new Map())); //[object Map]
console.log(t.call(new Set())); //[object Set]
```

从以上代码中可以看到，对于内置的对象，通过对象标签可以很容易地区分对象的类型，但对于自定义的类，会返回"[object Object]"，这就很难区分当前是一个什么对象了，例如以下代码：

```
let t = Object.prototype.toString;
class MyClass {};
let c = new MyClass();
console.log(t.call(c)); //[object Object]
```

通过自定义 Symbol.toStringTag，我们可以很容易地区分这些自定义类，如在 MyClass 类内添加以下代码：

```
get [Symbol.toStringTag]() {
    return "MyClass";
}
```

这样，在调用 toString 方法后，就会返回"//[object MyClass]"，从而可以很清晰地知道当前的对象是什么类型。

虽然使用这种方式来判断类型对象非常方便，但有专家指出，由于在兼容性上存在不少问题，建议不要使用，而应更多地使用 instanceof 方法或 typeof 方法。

4.3.11　Symbol.unscopables

Symbol.unscopables 用来指定对象在 with 环境中排除的属性名称。

4.4　小　结

JavaScript 不适合进行高精度的数学运算，这是大家的共识，不过近来随着 JavaScript 的发展以及一些数学运算包的出现，这一局面已经有所改变。

符号的引入解决了私有属性的问题，尽管不是很完美，但起码不再会让开发人员误认为是公有属性而随意修改，从而避免许多不必要的错误。

符号另一个比较大的作用是通过众所周知的符号来暴露一些内部方法，从而让开发人员能够更加灵活地定义自己的对象。

第5章 数组和类型化数组

在 ES 6 中，为数组添加了几个新方法，使得数组的使用更便捷，更重要的是添加了创建类型化数组，扩展了 JavaScript 的数学运算能力。本章将介绍数组的改进及类型化数组。

5.1 新方法

5.1.1 of 方法

使用 Array 构造器来创建数组时，参数的值或个数不同会导致不同的行为，例如以下代码：

```
let array = new Array(3);
console.log(array); //[ <3 empty items> ]
let array1 = new Array('3');
console.log(array1); //[ '3' ]
let array2 = new Array(1,2,3);
console.log(array2); //[ 1, 2, 3 ]
```

从以上代码的运行结果可以看到，当参数只有 1 个且值为整型的时候，会把参数作为数组的长度，创建一个有 n 个空元素的数组；当参数只有 1 个且值为浮点型的时候，会抛出非法的数组长度的错误；当参数只有 1 个且值为非数字类型，或参数有多个的时候（无论第一个值为什么类型），都会将参数作为数组的元素。这样的后果是在使用构造器来创建数组时会比较混乱，一不小心就掉坑里了。比较幸运的是，在日常工作中很少这样去创建数组，也不建议这样去创建数组。不过，既然有问题就要做修正，因而，在 ES 6 中为 Array 对象添加了 of 方法，这样，无论多少个参数、参数类型是什么，这些参数都将是数组中的元素，例如以下代码：

```
let array = Array.of(3);
console.log(array); //[ 3 ]
let array1 = Array.of('3');
console.log(array1); //[ '3' ]
let array2 = Array.of(1,2,3);
console.log(array2); //[ 1, 2, 3 ]
```

5.1.2　from 方法

在使用 document.querySelectorAll 方法来获取页面中的元素时，它返回的是一个类数组的对象，而不是一个数组，例如以下代码：

```
let items = document.querySelectorAll('li');
console.log(Object.prototype.toString.call(items)); // [object NodeList]
```

以上代码会获取页面中所有的 li 元素，然后通过调用 toString 方法来获取对象的类型。从输出可以看到，返回的结果类型为 NodeList，在浏览器上展开对象，就会发现对象的解构如图 5-1 所示，非常类似数组，但又不是数组，如果希望把它作为数组进行处理，就要将 NodeList 转换为数组，这在 ES 6 之前需要自定义函数来处理，而在 ES 6，可通过 form 方法来转换，例如以下代码：

```
let items = Array.from(document.querySelectorAll('li'));
console.log(Object.prototype.toString.call(items)); //[object Array]
```

从代码的输出可以看到，现在的 items 已经是数组了。

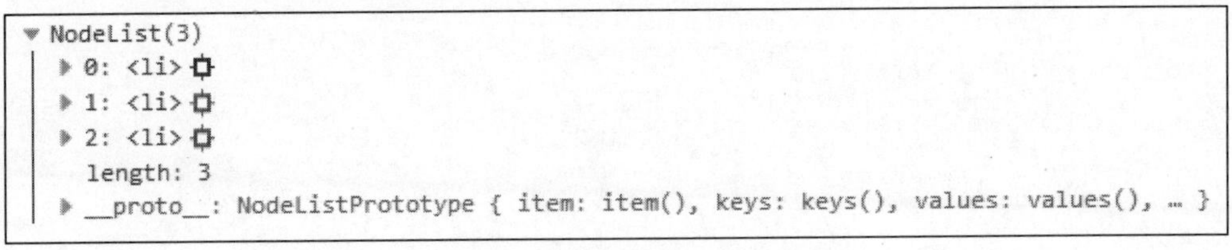

```
▼ NodeList(3)
  ▶ 0: <li> ⚙
  ▶ 1: <li> ⚙
  ▶ 2: <li> ⚙
    length: 3
  ▶ __proto__: NodeListPrototype { item: item(), keys: keys(), values: values(), … }
```

图 5-1　NodeList 的数据结果

除了类数组对象外，from 方法还可以对字符串、集合（Set）和映射（Map）进行转换。

如果希望在转换时处理一下元素，可为 from 添加第二个参数，例如以下代码：

```
console.log(Array.from({length: 5}, (v, i) => i)); //[ 0, 1, 2, 3, 4 ]
```

以上代码会根据类数组对象的 length 的值创建相应长度的数组，from 的第二个参数使用了箭头函数[1]将索引值和索引传递给函数并返回索引作为数组的元素。

方法 from 还有第三个参数，该参数的主要作用是为第二个参数指定 this 对象。

5.1.3　find 方法

在 ES 6 之前，数组的 indexOf 与 lastIndexOf 方法只能检索某个特定值，不能根据条件去检索。在 ES 6 中，添加了 find 方法来实现条件检索，例如以下代码：

---

[1] 有关箭头函数的相关内容，请参阅 7.7 节。

```
let user = [
    { name: 'tom', age: 20},
    { name:'jon', age: 50},
    { name: 'kitty', age: 24},
    { name: 'rose',age : 40}
];
console.log(user.find((item,index)=>item.age>30)); //{ name: 'jon', age:
50 }
```

以上代码数组会根据 find 方法的第一个参数（回调函数）去判断用户的年龄是否大于 30，如果找到用户，就返回该用户。find 方法就像 forEach 方法。

方法 find 也可接收第二个参数，用来指定第一个参数的 this 对象。

5.1.4 findIndex 方法

findIndex 方法与 find 方法的作用类似，它们之间的主要不同是 find 方法返回的是找到的数组元素，而 findIndex 方法返回的是数组的索引。

5.1.5 fill 方法

fill 方法的主要作用是使用指定的值填充数组中的一个或多个元素，例如以下代码：

```
let array =[0,0,0,0,0];
console.log(array.fill(1,1,3)); //[ 0, 1, 1, 0, 0 ]
```

以上代码将使用 1 来填充数组，而填充的起始位置是 1，终止位置是 3。

5.1.6 copyWithin 方法

copyWithin 方法与 fill 方法的作用类似，只不过 copyWithin 使用的是数组内部的元素来填充，而不是指定的数据，例如以下代码：

```
let array =[0,1,2,3,4];
console.log(array.fill(4,1,3)); //[ 0, 4, 4, 3, 4 ]
```

以上代码将数组中的第 5 个元素填充到数组的第 2 个和第 3 个元素。

5.1.7 includes 方法

这是 ES 2016 引入的新方法，用于判断数组是否包含指定的值。与字符串的 includes 方法一样，使用 includes 方法的作用只是简化代码，不需要自己使用表达式进行判断。

5.1.8 entries 方法

entries 方法主要用于将数组转换为迭代器（Iterator）对象，例如以下代码：

```
let array =[0,1,2,3];
let iterator = array.entries();
console.log(iterator); //{}
console.log(iterator.next().value);  //[ 0, 0 ]
console.log(iterator.next().value);  //[ 1, 1 ]
console.log(iterator.next().value);  //[ 2, 2 ]
```

5.1.9 keys 方法

keys 方法的作用与 entries 方法类似，只不过返回值是数组的索引，例如以下代码：

```
let array =[0,1,2,3];
let iterator = array.keys();
console.log(iterator); //{}
console.log(iterator.next().value);  //0
console.log(iterator.next().value);  //1
console.log(iterator.next().value);  //2
```

5.1.10 values 方法

values 方法的作用与 entries 方法类似，只不过返回值是数组的值。要注意的是，Chrome 和 Firefox 都没有实现，只有 Edge 实现了。

5.2 类型化数组

对于类型化数组，第一时间反应可能是：该数组是保存某种类型的数组。事实上不是这样的，它是一个保存于底层的二进制数组缓冲区（ArrayBuffer），类似于数组的数组视图（DataView），主要用来处理数值类型数据。

5.2.1 数据类型

类型化数组并没有 TypedArray 这样一个全局对象，也没有一个名为 TypedArray 的构造函数，而是对许多不同全局对象的统称，主要包括以下类型。

- Int8Array: 8 位有符号整型数组。
- Unit8Array: 8 位无符号整型数组。
- Unit8ClampedArray: 8 位无符号整型固定数组。
- Int16Array: 16 位有符号整型数组。
- Unit16Array: 16 位无符号整型数组。
- Int32Array: 32 位有符号整型数组。
- Unit32Array: 32 位无符号整型数组。
- Float32Array: 32 位浮点型整型数组。
- Float64Array: 64 位浮点型整型数组。

5.2.2 数组缓冲区

要使用类型化数组，首先要创建一个数组缓冲区，用于存储数据，例如以下代码：

```
let buffer = new ArrayBuffer(16);
```

以上代码创建了一个 16 字节的数组缓冲区。

1. 获取数组缓冲区的长度

要获取数组缓冲区的长度，可以使用 byteLength 属性，例如以下代码：

```
console.log(buffer.byteLength);
```

2. 复制数据缓冲区

与数组一样，也可以使用 slice 方法来复制数组缓冲区，例如以下代码：

```
let copy = buffer.slice(3,6);
console.log(copy.byteLength); //3
```

以上代码从 buffer 的第 3 个字节开始复制，直到第 5 个字节，总共复制 3 个字节。

5.2.3 数据视图

有了数组缓冲区后，就要往里面写数据，不然创建了数据缓冲区也没什么用。要往数组缓冲区写入数据，就要为数据缓冲区创建数据视图，例如以下代码：

```
let view = new DataView(buffer);
```

从以上代码可以看到，要创建某个数据缓冲区的数据视图，就得将该数据缓冲区作为数据视图的参数。

创建数据视图除了第一个参数必须是数据缓冲区对象外，还有两个可选参数：偏移量和长度。偏移量用来指定数据操作的起始位置，而长度则用来指定可以写入多少字节。

1. 写入数据

数据视图创建后，就可以使用它来写入数据了。在写入数据时，一定要注意根据写入的数据类型选择相对应的方法，如写入 8 位无符号整型数据，需要使用 setUnit8 方法。数据视图主要使用以下 8 个方法来写入对应的数据。

- setInt8：写入 8 位有符号整型。
- setUnit8：写入 8 位无符号整型。
- setInt16：写入 16 位有符号整型。
- setUnit16：写入 16 位无符号整型。
- setInt32：写入 32 位有符号整型。
- setUnit32：写入 32 位无符号整型。
- setFloat32：写入 32 位浮点数。
- setFloat64：写入 64 位浮点数。

在调用以上 8 个方法时，都要在第一个参数指定数据的写入位置，在第二个参数指定数值。对于写入 16 位及以上的数据，可以通过第三个参数来指定写入格式，若不指定，则默认使用低字节优先的规则来写入数据，如 100000 的十六进制为 0186A0，则写入的数据为 A0860100，这是习惯的数据存储格式；若将值设置为 true，则采用高字节优先规则，写入的数据为 000186A0。

2. 读取数据

读取数据与写入数据一样，有相对应的读取方法，不过读取并不限定几位的数组必须采用对应位数的读取方法，如写入数据的是 8 位方法，读取时也可以采用 16 位方法，并不一定要用 8 位方法，例如以下代码：

```
view.setInt8(0,16);
view.setInt8(1,16);
console.log(view.getInt16(0)); //4112(0x1010)
```

以上代码中，在数组缓冲区的 0 和 1 位上各写入了 16，在读取时使用了 16 位的读取方法。

3. 获取数据视图的相关信息

通过数据视图的 buffer、byteOffset 和 byteLength 属性可分别获取数据视图的数组缓冲区、数据视图在数组缓冲区的偏移量和数据视图能读取和写入数组缓冲区的长度。

5.2.4 类型化数组即视图

如果直接使用数据视图来操作数组缓冲区，就会发现要实现写入、遍历或复制数据等都不太方便，而类型化数组正好弥补了数组视图在这方面的缺陷，可以通过许多数组的方法来操控数据缓冲区的数据。

虽然不需要先创建数组缓冲区再创建类型化数组，但并不意味着类型化数组不使用数组缓冲区，因为在没有为它指定数组缓冲区的时候，它会自动创建，例如以下代码：

```
let t = new Int16Array([1,2,3]);
console.log(t.buffer); //ArrayBuffer { byteLength: 6 }
console.log(t.byteLength); //6
console.log(t.length); //3
```

从以上代码可以看到，类型化数组与数组视图一样，带有 buffer、byteLength 和 length 三个属性。在类型化数组创建后，会根据初始化数据的长度自动创建数组缓冲区。

先创建数组缓冲区，再创建使用该缓冲区的类型化数组也是可以的，例如以下代码：

```
let buffer = new ArrayBuffer(16);
let t = new Int16Array(buffer,2,6);
console.log(t.buffer); //ArrayBuffer { byteLength: 16 }
console.log(t.byteLength); //12
console.log(t.length); //6
console.log(t);
```

从代码可以看到，类型化数组使用了数组缓冲区的 6 个字节，位置从第 3（偏移量为 2）个字节开始，取 12（长度为 6 的双字节）个字节。这里要注意的是，数组缓冲区保存的数据是以字节为单位的，而 16 位的类型化数组的单个数据是双字节的，因而在指定偏移量的时候，需要以双字节为计量单位，如果将偏移量设置为 1、3 这些单数，就会抛出错误。

5.2.5 类型化数组与数组的主要区别

虽然类型化数组与数组有很多相似之处，如可以与数组一样使用 fill、find 等方法，但类型化数组毕竟不是数组，还是有所不同的，如不能被伸展和收缩。从数组缓冲区这一点出发，就可以很容易地理解为什么类型化数组不能被伸展和收缩，如果这样做了，很容易造成数组缓冲区溢出，是非常危险的。

由于类型化数组不能被伸展和收缩，因此与这个行为相关的操作（如 push、concat、pop、shift、unshift 和 splice 等方法）在类型化数组中是没有的。

在类型化数组中，有两个方法是数组没有的，即 set 和 subarray 方法。set 方法的作用是将数组或类型化数组中的数据复制到当前类型化数组中。顾名思义，subarray 方法就是以当前类型化数组为基准创建一个新的类型化数组。

5.3 小 结

本章主要讲述了 ES 6 之后数组的改进，在修复一些问题的情况下，添加了一些实用的方法，了解并熟悉这些新方法可以更好地简化代码。

一个重要的更新是 ES 6 添加了类型化数组，以扩展 JavaScript 的数学运算能力，而这也正是 JavaScript 发展所需的功能。在一般的开发中可能很少使用到这些功能，但了解并熟悉这些功能并没有坏处，学习就是为未来做准备，说不定哪天就会有用呢！

第6章　对象

虽然 JavaScript 的代码写起来非常像函数式语言，但实际上它是一种面向对象的语言，在开发中，处处是对象。随着项目的规模越来越大，对象也越来越大，如 Ext JS 这个框架中就有 1000 多个类，如何更高效地创建、管理和使用这些对象是 JavaScript 必须面对的问题。ES 6 在这方面做了一些改进。本章将介绍与对象有关的改进。

6.1　属性简写

当调用一个函数并在函数内返回一个对象时，我们往往会编写类似下面的代码：

```
function point(x,y){
    return { x:x, y:y}
}
console.log(point(1,2)); //{ x: 1, y: 2 }
```

对于以上代码中的属性 x 和 y，虽然感觉很麻烦，但必须这样写，不然会报错。在 ES 6 之后，就不用这样了，可以简化为以下形式：

```
function point(x,y){
    return { x, y}
}
console.log(point(1,2)); //{ x: 1, y: 2 }
```

这样写，代码简单不少，不过在阅读上会造成一定的困扰，对于没有了解过 ES 6 的开发人员有些不利，因而，在考虑是否采用这种写法的时候，最后项目组要遵循编码规范。

6.2　方法简写

ES 6 的对象不但可以在属性上使用简写，在方法上也可以，例如以下代码：

```
let car = {
    getColor(){
        return "blue";
    }
}
console.log(car.getColor()); //blue
```

以上代码在定义 getColor 方法时，不需要使用冒号和 function，直接使用括号来表示这里定义的是方法就行了，相当简便。

6.3　未定的属性名和方法名

在 ES6 之前，如果属性名是从变量中获取或需经过运算后才能确定的，需要使用以下方式来添加属性：

```
let propertyName = 'color',
    car = {};
car[propertyName]= 'blue';
console.log(car.color); //blue
```

为了简化代码，在 ES 6 中，可以使用以下方式来定义属性：

```
let propertyName = 'color',
    firstChar = propertyName[0],
    methodName = propertyName.replace(firstChar,firstChar.toUpperCase())
    car = {
        [`_${propertyName}`]: 'blue',
        [`get${methodName}`](){return this._color},
        [`set${methodName}`](name){return this._color=name;}
    };
console.log(car); //{ _color: 'blue', getColor: [Function: getColor],
setColor: [Function: setColor] }
    console.log(car.getColor()); //blue
    car.setColor('red')
    console.log(car.getColor()); //red
```

从以上代码可以看到，新的属性名和方法名定义方式可以大大简化代码，而且代码的可读性提高了。

6.4 新方法

6.4.1 is 方法

在 JavaScript 中，要判断两个值是否相等，可以使用运算符==或===。为了避免在比较时进行强制类型转换再比较，从而出现数字2等于字符串2的情况，编码规范建议使用运算符===，而尽量少用运算符==。但在使用运算符===的时候，还是存在小问题的，如+0 等于-0，而 NaN 与 NaN 比较时则为 false，例如以下代码：

```
console.log(+0 === -0); //true
console.log(NaN === NaN); //false
```

为了彻底解决这个问题，于是在对象中引入了 is 方法，例如以下代码：

```
console.log(Object.is(+0,-0)); //false
console.log(Object.is(NaN,NaN)); //true
```

如果在判断的时候没有特殊要求，使用运算符===就行了，若要确切地判断+0 和-0，或者 NaN 值，则建议使用 is 方法。

6.4.2 assign 方法

对象复制在 JavaScript 中是很常见的，如将默认配置与特定配置合并、通过对象复制实现继承等。在 ES 6 之前，要实现对象的复制需要自定义方法来实现，而在 ES 6 中，则可以使用 assign 方法来实现，例如以下代码：

```
let obj1 = { x:1, y:1},
    obj2 = {z:1};
Object.assign(obj2,obj1);
console.log(obj2); //{ z: 1, x: 1, y: 1 }
```

从以上代码可以看到，obj1 中的成员已经被复制到了 obj2 中。

1. 合并多个对象

与数组的 concat 方法一样，assign 方法对于要合并多少个对象并没有限制，只要参数存在，就会去合并，例如以下代码：

```
let obj1 = { x:1},
    obj2 = {y:1},
```

```
    obj3 = { z:1},
    obj = Object.assign({},obj1,obj2,obj3);
console.log(obj); //{ x: 1, y: 1, z: 1 }
```

2. 重复的成员

在对象复制过程中出现重复的成员是比较常见的，assign 方法的处理方式是使用最后一个对象的值，例如以下代码：

```
let obj1 = { x:1},
    obj2 = {x:2},
    obj3 = { x:3},
    obj = Object.assign({},obj1,obj2,obj3);
console.log(obj); //{ x:3}
```

基于 assign 方法的处理方式，在复制带有重复项的对象时，一定要注意对象在参数中的位置，不然会出现非预期的效果。

3. 深度复制问题

如果要进行深度复制，就使用其他方法，不然会出现结果非预期的问题，例如以下代码：

```
let obj1= {a:1,b:{y:1}},
    obj = Object.assign({},obj1);
console.log(obj); //{ a: 1, b: { y: 1 } }
obj1.b.y=5;
console.log(obj); //{ a: 1, b: { y: 5 } }
```

从以上代码的结果可以看到，对于 b 的值，复制的是引用值，而不是复制对象，从而共享了 b 所引用的对象，造成结果非预期。

4. 混入（mixin）功能

混入功能是 JavaScript 实现多重继承的常用方式，也就是将其他类的功能通过对象复制的方式复制到新类中，例如以下代码：

```
class Observable{
    on(){return 'on'}
    un(){return 'un'}
}
class Floating{
```

```
    float(){return 'float'}
}
class Component extends Observable{
    setSize(){return 'setSize'}
}
Object.assign(Component.prototype,{float:Floating.prototype.float});
var cmp = new Component();
console.log(cmp.on()); // on
console.log(cmp.un()); //un
console.log(cmp.float()); //float
console.log(cmp.setSize()); //setSize
```

以上代码是一种很常见的组件（Component）定义方式。组件需要通过继承观察者类（Observable）来实现绑定事件的功能，这时，如果要为组件混入其他功能，如浮动（Floating）、调整大小等，就需要使用混入功能，也就是将需要的功能复制到对象上。由于对象的方法是不可枚举的，不能直接通过 assign 方法进行复制，因此要复制这些方法，需要通过自定义 mixin 方法来实现。

5. 默认值

在很多时候，我们会为类定义一些默认值，以减少开发人员编写的代码量。这时候，就需要使用 assign 方法来合并默认值与自定义值来作为类的初始化值，例如以下代码：

```
class MyClass {
    constructor(options){
        let defaults = { x:1,y:1};
        this.options =Object.assign({}, defaults, options);
    }
}
let c = new MyClass({x:2});
console.log(c.options); // { x: 2, y: 1 }
```

6.4.3 values 方法

要获取一个对象的全部值，在 ES 2017 之前，需要使用循环来实现，而在 ES 2017 中，则可以使用新添加的 values 方法，例如以下代码：

```
let obj ={ x:1,y:2};
console.log(Object.values(obj)); //[ 1, 2 ]
```

6.4.4 entries 方法

在 ES 2017 中还添加了 entries 方法来将对象的成员转换为数组，例如以下代码：

```
let obj ={ x:1,y:2};
console.log(Object.entries(obj)); //[ [ 'x', 1 ], [ 'y', 2 ] ]
```

从代码可以看到，entries 方法会先将 obj 的每一个成员转换为由键和值组成的数组，再将这些成员数组组合为一个数组。

6.4.5 getOwnPropertyDescriptors 方法

在 ES 2017 添加了 getOwnPropertyDescriptors 方法，用于获取对象的所有属性的描述符，例如以下代码：

```
let obj ={ x:1,y:2};
console.log(Object.getOwnPropertyDescriptors(obj));
// { x: { value: 1, writable: true, enumerable: true, configurable: true },
//   y: { value: 2, writable: true, enumerable: true, configurable: true } }
```

从以上代码可以看到，getOwnPropertyDescriptors 方法会把对象属性的描述符都提取出来。

1. 弥补 assign 方法的缺陷

对于 assign 方法，继承属性和不可枚举属性是不可复制的，例如以下代码：

```
let obj = Object.create({x: 1}, { // x 是继承属性
    y: {
        value: 2  // y是不可枚举属性
    },
    z: {
        value: 3,
        enumerable: true  // z是可枚举属性
    }
});
let obj2 = Object.assign({}, obj);
console.log(obj2.x); // undefined
console.log(obj2.y); // undefined
console.log(obj2.z); // 3
```

从以上代码可以看到，属性 x 和 y 并没有复制到 obj2 中。要想将全部属性复制到 obj2 中，

可使用以下方法：

```
let obj2 = Object.create(
    Object.getPrototypeOf(obj),
    Object.getOwnPropertyDescriptors(obj)
);
console.log(obj2.x); // 1
console.log(obj2.y); // 2
console.log(obj2.z); // 3
```

以上代码其实是使用 obj 的原型结合所有属性创建了一个新的对象，也就相当于复制了一次 obj。

2. 子类不能继承 getter 方法和 setter 方法

将子类的原型设置为超类的实例是常见的继承方式，但存在超类的 getter 方法和 setter 方法不能继承的问题，例如以下代码：

```
function superClass() {}
superClass.prototype = {
    get color() {}
};
function subClass() {}
subClass.prototype = Object.create(superClass.prototype);
console.log(superClass.prototype);  //{ color: [Getter] }
console.log(subClass.prototype);  //{}
```

从以上代码可以看到，subClass 并没有继承 superClass 的 color 方法，要解决这个问题，需要使用 getOwnPropertyDescriptors 方法，将设置原型的代码修改为以下代码就行了：

```
subClass.prototype = Object.create(superClass.prototype,
Object.getOwnPropertyDescriptors(superClass.prototype));
```

以上代码的原理其实和解决 assign 方法缺陷的原理是一样的。

6.5 原型

JavaScript 是通过原型来实现继承的，因而如何完善原型的功能是 ECMAScript 的一个重要工作。在 ES 5 中，为 Object 添加了 getPrototypeOf 方法，以获取对象的原型，在 ES 6 中，添加了 setPrototypeOf 方法，以修改对象的原型，例如以下代码：

```
class Car {
    constructor(color){
        this.color = color;
    }
    getColor(){
        return this.color;
    }
}

let car = {};
Object.setPrototypeOf(car,Car.prototype);
console.log(Object.getPrototypeOf(car)); //Car {}
```

通过输出可以看到 car 的原型已经修改为 Car 了。

由于设置原型可能会降低 JavaScript 代码的性能，因此不建议这样修改对象的原型。

6.6　super 关键字

基于 JavaScript 特殊的继承机制，子类很多时候都需要调用父类的方法，表现得最突出的应该是 Ext JS 框架。它自定义了一套调用父类方法的方式，最突出的就是 callParent 方法，用于调用父类的同名方法。这样做的好处是，可以在父类定义好基本操作，在子类中就不需要再写一次基本操作了，只需要编写自己的操作，再调用父类的基本操作就可以实现既定的功能。

在 ES 6 中，为了满足这方面的需求，引入了 super 关键字来引用父类的方法，例如以下代码：

```
class Vehicle{
    constructor(color){
        this.color = color;
    }
}

class Car extends Vehicle{
    constructor(color,passengers){
        super(color);
```

```
        this.passengers = passengers;
    }
}
let car = new Car('blue', 4);
console.log(car); //Car { color: 'blue', passengers: 4 }
```

以上代码在 Vehicle 内定义了 color 属性，在子类 Car 中要为继承属性 Color 赋值，就必须使用 super 来调用父类的构造函数进行赋值。

6.7 小 结

尽管对象在 ES 6 之后做了不少改进，而且有很大部分是当前项目急需的，但功能还是不足。可以说 Ext JS 框架是一个 JavaScript 面向对象开发的百科全书，深入了解可以学到不少东西。当然，这里所谓的学不是指去学会怎么使用它，而是学习它的源代码，学习它是如何把框架搭建起来的。

要学好 JavaScript，除了看书以外，最好找一个框架，分析它的源代码。

第7章　函数

JavaScript 虽然是一个面向对象的编程语言，但使用起来更像是函数式编程语言，因为在一般的应用程序里，写得最多和用得最多的就是函数。但很奇怪，JavaScript 在函数上的改进却极其缓慢，直到 ES 6 才进行了不少改进。本章将介绍 ES 6 在函数方面做了哪些改进。

7.1　参数的默认值

在 ES6 之前，函数的参数不能设置默认值，要设置默认值，基本模式都是在函数体内通过逻辑或（||）操作来为参数设置默认值，例如以下代码：

```
function foo(x){
    x = x || 1;
    console.log(x);
}
foo(false); //1
foo(NaN); //1
foo(0); //1
foo(''); //1
foo(undefined); //1
foo(); //1
```

以上代码中，当传递的值为 false、NaN、0、空字符串、undefined 或没有传值时，x 就会被赋值为 1。

在 ES 6 中，就不需要这样了，可以直接为参数设置默认值，还可以使用表达式和参数的值来作为参数值。

7.1.1　设置默认值

要设置参数的默认值，直接将具体值赋给参数就行了，例如以下代码：

```
function foo(x=1){
    console.log(x);
}

foo(false); false
foo(NaN); //NaN
foo(0); //0
foo(''); //空字符串
foo(undefined); //1
foo(); //1
```

以上代码虽然简化了默认值的设置，但带来了新的问题，由于 JavaScript 是非强类型的，因此传递给函数的可能是非预期值，这点一定要注意。

7.1.2　参数默认值表达式

函数参数除了可以使用值作为默认值外，还可以使用表达式作为默认值，例如以下代码：

```
function defaultValue(){
    return 1;
}

function foo(x=defaultValue()){
    console.log(x);
}

foo(); //1
foo(undefined); //1
```

从以上代码可以看到，可以通过一个函数给参数赋予默认值，前提是不传递参数给 x 或将 undefined 传递给参数 x。

使用表达式来做默认值的基本用途是可以根据不同情况在函数内返回不同的默认值，让程序更灵活。

7.1.3　使用参数值作为默认值

还可以使用前一个参数的值作为默认值，例如以下代码：

```
function foo(x,y=x){
```

```
        console.log(x,y);
    }

    foo(2); // 2 2
```

以上代码中，当没有给参数 y 传递值的时候，y 将使用 x 的值作为值。使用这种形式设置默认值一定要注意，当前参数的默认值只能是排在当前参数前面的参数，而不能是后面的参数，如将示例中 x 的默认值设置为 y，则会抛出错误。

7.1.4 使用参数值作为默认值表达式的参数

除了可以将参数值直接作为默认值外，还可以把参数值作为默认值表达式的参数，例如以下代码：

```
function defaultValue(x){
    return x+3;
}

function foo(x, y=defaultValue(x)){
    console.log(y);
}

foo(1); //4
```

从以上代码可以看到，若没有传递值给参数 y，则会根据 x 的值计算出一个默认值。

7.2 剩余参数

JavaScript 的函数并不要求参数与传递过来的数据对应，对于多出来的参数，在 ES6 之前，可以使用 arguments 来访问，例如以下代码：

```
function foo(x){
    console.log(arguments[1]);  //2
    console.log(arguments[2]);  //3
}

foo(1,2,3);
```

通过以上代码可以看到，通过 arguments 访问未指定的参数需要先计算好已定义参数的个数，然后才能定位到未指定的参数，使用起来会比较麻烦，因而常见的做法是全部参数都通过 arguments 来获取，而不指定任何具体参数。

在 ES 6 中就不用那么麻烦了，通过解构赋值的剩余项就可以轻松地对余下的参数进行处理，例如以下代码：

```
function foo(x,...args){
    console.log(args);
}

foo(1,2,3); //[ 2, 3 ]
```

使用剩余参数就不用计算已定义参数的个数了，相当方便。不过，使用剩余参数要注意的是，剩余参数必须是参数中的最后一个参数，不能穿插在参数中间，不然会提示错误。

7.3 扩展运算符

扩展运算符与剩余参数的作用正好相反，它会将数组中的元素拆分为函数的参数，例如以下代码：

```
function foo(x,y){
    console.log(x,y);
}
foo(...[1,2]; // 1 2
```

使用扩展运算符不像剩余参数那样受位置限制，可以在扩展运算符之前或之后添加任何参数值，因为扩展运算符是一个拆的操作，拆分后的数组元素会与其他的参数值重新组合再传递给函数。

7.4 name 属性

由于匿名函数表达式的流行使得调试异常的困难，很难去跟踪到底是哪个函数出了问题，因此，在 ES 6 中给所有函数都添加了 name 属性，以方便调试。

7.4.1 声明函数

对于声明函数，它的名称就是函数的名称，例如以下代码：

```
function foo(){
```

```
    console.log(foo.name);
}
foo(); // foo
```

7.4.2 函数表达式

对于函数表达式，函数的名称就是变量的名称，例如以下代码：

```
let foo =function (){
    console.log(foo.name);
}
foo(); // foo
```

7.4.3 对象的方法

对于对象的方法，会以方法名作为名称，比较特殊是 getter 和 setter 方法，会为它们加上 get 和 set 来标记和区分方法是 getter 还是 setter 方法，例如以下代码：

```
let obj={
    get color(){},
    set color(color){},
    method(){}
}
console.log(Object.getOwnPropertyDescriptor(obj, "color").get.name);
//get color
console.log(Object.getOwnPropertyDescriptor(obj, "color").set.name);
//set color
console.log(obj.method.name); //method
```

7.4.4 bind 方法创建的函数

对于使用 bind 方法创建的函数，会在方法名前添加 bound 作为名称，例如以下代码：

```
let fn = function(){};
console.log(fn.bind().name); //bound fn
```

7.4.5 new Function 创建的函数

对于 new Function 方式创建的函数，它的名称是 anonymous，例如以下代码：

```
console.log((new Function).name); // anonymous
```

7.4.6 实例

对于实例，可以使用构造函数来检查名称，例如以下代码：

```
function Foo() {}

let foo = new Foo();
console.log(foo.constructor.name); // "Foo"
```

如果想通过构造函数的名称来判断是否创建了某个类，一定要注意，经过脚本压缩后，类名 Foo 可能会变成 a，这样构造函数的名称就变成了 a，而不是 Foo，这样代码就可能会出现问题。

7.5 new.target 属性

要检查函数或构造方法是否是通过 new 运算符来调用的，在 ES 6 之前，最常用的方式是使用 instanceof 运算符来实现，但该方法有时候会失灵，例如以下代码：

```
function Foo(){
    console.log(this instanceof Foo);
}

let foo = new Foo(); //true
Foo.call(foo); //true
```

为了解决这个问题，在 ES 6 中添加了 new.target 属性，例如以下代码：

```
function Foo(){
    console.log(new.target);
}

let foo = new Foo(); //[Function: Foo]
Foo.call(foo); //undefined
```

从输出可以看到，new.target 属性可以很清晰地区分出函数或构造方法是否通过 new 运算符来调用。

7.6　在参数中使用尾后逗号

在 ES 2017 之前，是不允许在函数参数中使用尾后逗号（Trailing commas）的，但在 ES 2017 之后，就不存在这问题了，例如以下代码：

```
function Foo(x,){
    console.log(x);
}


Foo(1); //1
```

以上代码的 Foo 函数其实与没有尾后逗号的函数是等价的，实现这点的主要原因是为了方便一些喜欢使用多行来定义参数的开发人员，例如以下代码：

```
function Foo(
    x,
    y,
    z,
){}
```

以上代码中，当需要添加新参数的时候，直接在新的一行补上参数就行了。如果不支持尾后逗号，在没加参数之前，z 后面是不允许有逗号的，这样，在添加新参数的时候，还要在 z 后面补上逗号才行，有时候会遗忘从而造成错误，而允许尾后逗号就可以减少这样的错误。

7.7　箭头函数

在之前的示例中已经使用过很多次箭头函数了，它最大的特色就是带有"箭头"（=>），书写起来很简便。

7.7.1　基本语法

箭头函数通过箭头将函数分为两部分，箭头左边是参数定义，箭头右边是函数体，例如以下代码：

```
let fn = (args1)=>{console.log(args1)};
let fn1 = args1=>{console.log(args1)};
let fn2 = (args1,args2,args3)=>{console.log(args1,args2,args3)};
let fn3 = (args1,args2,args3)=>console.log(args1,args2,args3);
let fn4 =()=>console.log('没有参数');
```

```
fn(1);  //1
fn1(2);  //2
fn2(1,2,3);  //1 2 3
fn3(4,5,6);  //4 5 6
fn4();  //没有参数
```

从以上代码可以看到，当只有一个参数时，既可以使用括号来组织参数，也可以不用。如果没有参数，就必须使用括号，不能省略。如果函数体只是简单的一句代码，可以不使用大括号。

7.7.2 箭头必须与参数在同一行

JavaScript 的同一行代码是可以分开多行来写的，如定义一个变量并赋值，可以将 let、变量名、等号和值写成 4 行代码，但对于箭头函数，参数和箭头必须在同一行内，不能跨行，而函数体是可以跨行的，例如以下代码：

```
//不允许的写法
let fn = args1
    =>console.log(args1);


//允许的写法
let fn1 = args1=>
    console.log(args1);
```

7.7.3 不绑定 this

不使用箭头函数定义的函数都会有它自己的 this 值，但这个 this 值稍不注意就会出现错误，比较经典的例子是在 setTimeout 方法中使用 this 会出现非预期的结果，例如以下代码：

```
class Counter {
    constructor() {
        this.counter = 1;
        setTimeout(function () {
            this.counter++;
            console.log(this.counter);
        }, 1000);
    }
}


let counter = new Counter(); //NaN
```

在以上代码中，setTimeout 的回调函数的 this 的预期值是 Counter 实例自身，这样才能使用它的属性 counter，但在运行的时候，实际的 this 指向的是 window 的对象，从而出现输出结果为 NaN 的错误。

要修正以上错误，将 this 对象转换为本地变量就行了，例如以下代码：

```
class Counter {
    constructor() {
        let me = this;
        me.counter = 1;
        setTimeout(function () {
            me.counter++;
            console.log(me.counter);
        }, 1000);
    }
}

let counter = new Counter(); //2
```

还有一种方式就是使用 bind 方法将 this 绑定到函数。

如果将回调函数替换为箭头函数，就不会出现这种问题了，因为它会从自己的作用域链的上一层继承 this，例如以下代码：

```
class Counter {
    constructor() {
        this.counter = 1;
        setTimeout(()=> {
            this.counter++;
            console.log(this.counter);
        }, 1000);
    }
}

let counter = new Counter(); //2
```

由于箭头函数继承了上一层的 this 指针，因此使用 call 或 apply 方法调用箭头函数并传递 this 参数时，是没有效果的。

7.7.4　没有 arguments 对象

在箭头函数内是没有 arguments 对象的，因而不要尝试在箭头函数内使用 arguments 对象来获取参数。如果需要获取未知参数，要使用剩余参数来获取，例如以下代码：

```
let fn=(x,...y)=>console.log(y[0], y[1]);
fn(1,2,3,4);  //2 3
```

7.7.5　定义方法时使用箭头函数

如果要在定义方法时使用箭头函数，一定要注意 this 指针的问题，如果在方法内不需要使用 this 指针或者定义时能确保 this 指针使用的是对象自身，就没有问题；如果不能确保 this 指针指向对象自身且需要在方法内使用 this，不建议使用箭头函数。

7.7.6　不能用作构造函数

由于箭头函数不能用作构造器，因此不能使用 new 操作符来调用，不然会抛出错误。

7.7.7　没有原型

箭头函数是没有原型的，例如以下代码：

```
let fn = ()=>{};
console.log(fn.prototype); //undefined
```

7.7.8　不能作为生成器

由于在箭头函数中不能使用 yield 关键字，因而不能将箭头函数作为生成器使用。

7.7.9　返回对象字面量

要使用箭头函数返回对象字面量，不能把定义函数体的大括号去掉，不然会把对象字面量的大括号识别为函数体的大括号从而出现错误，而且还要加上 return 语句，例如以下代码：

```
let fn = ()=>{return {x:1}};
console.log(fn()); //{x:1}
```

7.8　小　结

无论是使用已有框架，还是自己构建框架，对于一个项目来说，都会需要大量的函数（或方法），如何高效地去编写这些函数并调试它们一直是开发人员所追求的。而要实现这个目标，除了开发人员自身的努力之外，还需要 JavaScript 不断地自我进化才行。从 ES 6 开始，JavaScript 终于走上了自我进化的快车道，是值得庆贺的事情。

在 ES 6 中对函数进行了不少的改进，这些改进都有利于简化编码和提高调试能力，是需要好好学习并掌握的。

第8章　集合和映射

JavaScript 一直以来都是使用数组和对象来模拟各种集合和映射类型的，虽然或多或少有点不方便，但问题也不大。为了丰富 JavaScript 的集合类型，在 ES 6 中引入了 Set、WeakSet、Map 和 WeakMap 四个对象。在本章将讲述这些新引入的对象。

8.1　Set

新加入的 Set 有点类似于 C#或 JAVA 的列表，是值的集合，而且值是唯一的，不可重复。

8.1.1　基本语法

与数组和对象可以通过字面量直接创建不同，使用 Set 需要使用 new 关键字来创建，例如以下代码：

```
let set = new Set();
let set1 = new Set([1,2,3,4,5,5,4]);
console.log(set);  //Set {}
console.log(set1);  //Set { 1, 2, 3, 4, 5 }
```

从以上代码可以看到，如果在创建新的 Set 时没有提供参数，就会创建一个空的 Set；如果提供了可迭代的参数，如示例中的数组，则会把数组中的元素作为 Set 的元素，而且会剔除重复项。

8.1.2　添加和删除元素

使用 add 方法可以为 Set 添加元素，例如以下代码：

```
set.add(1);
```

要注意的是，若添加的元素与原有的元素重复，则不会添加。

如果要删除一个元素，可使用 delete 方法，例如以下代码：

```
set1.delete(2);
```

8.1.3 清空 Set

如果要清空 Set 里的元素，可使用 clear 方法，例如以下代码：

```
set1.clear();
```

8.1.4 判断某个值是否存在

要判断某个值是否在 Set 中，可使用 has 方法，例如以下代码：

```
console.log(set1.has(3));
```

8.1.5 遍历

要遍历 Set 有两种方式，一种是使用 Set 的 forEach 方法，另一种是使用 for...of 循环，例如以下代码：

```
set1.forEach(item=>console.log(item));

for (let item of set1) {
    console.log(item);
}
```

8.1.6 返回元素总数

使用 size 属性可以返回 Set 的元素总数，例如以下代码：

```
console.log(set1.size)  // 5
```

8.1.7 转换为数组

要将 Set 转换为数组，有两种方式，一种是使用数组的 from 方法，另一种是使用扩展运算符，例如以下代码：

```
console.log(Array.from(set1)); //[ 1, 2, 3, 4, 5 ]
console.log([...set1]); //[ 1, 2, 3, 4, 5 ]
```

8.2 WeakSet

WeakSet 对象主要用来存储对象值，与 Set 一样，这些对象值也是唯一的。使用 WeakSet

来存储对象值的好处是，WeakSet 中对对象的引用是弱引用，也就是说对象可以被垃圾回收机制回收，从而释放内存，而使用 Set 保存的对象引用是强引用，会造成对象无法回收。

8.2.1　基本语法

创建 WeakSet 与创建 Set 的语法类似，例如以下代码：

```
let set = new WeakSet();
let obj ={x:1},
    obj2 = {y:1};
let set1 = new WeakSet([obj,obj2]);
console.log(set);  // WeakSet {}
console.log(set1); // WeakSet {}
```

使用 WeakSet 要注意的是，WeakSet 只接受对象值作为元素，如果提供其他值，就会报错。

8.2.2　添加和删除元素

WeakSet 添加和删除元素与 Set 一样，是通过 add 方法和 delete 方法来实现的，例如以下代码：

```
set.add(obj);
console.log(set.has(obj)); //true

set1.delete(obj);
console.log(set1.has(obj)); //false
```

8.2.3　判断某个值是否存在

与 Set 一样，WeakSet 可通过 has 方法判断某个值是否存在。

8.2.4　不可遍历

由于 WeakSet 中的对象值不知道何时会被回收，因此它无法准确地确定自己的长度，从而无法对它进行遍历。基于这个特性，它没有 size 属性，也没有 forEach 方法和 clear 方法。

8.3　Map

在 Map 引入之前，一直是使用对象来作为 Map 的，虽然使用起来没什么大问题，但受制于对象的特性，始终不太方便，主要包括以下 4 点：

- 键值只能是字符串或者 Symbols。
- 对象的键值数只能手动统计。
- 要遍历对象必须先获取对象的键值。
- 对象都有自己的原型，原型链上的键名有可能和键值发生冲突。

引入 Map 不单可以解决以上 4 个问题，还有性能上的优势。

8.3.1　基本语法

与 Set 一样，创建 Map 需要使用 new 关键字，例如以下代码：

```
let obj = {};
let fn = ()=>{};
let map = new Map();
let map1 = new Map([[obj,1],[fn,2],[5,3],['5',4]]);
console.log(map); // Map {}
console.log(map1); // Map { {} => 1, [Function: fn] => 2, 5 => 3, '5' =>
4 }
```

从以上代码可以看到，要在新建 Map 时初始化数据，需要传递可迭代的数据。从输出结果可以看到，对象、函数、数字或字符串等都可以作为 Map 的键。更加有趣的是，数字 5 和字符串 5 是不同的键，这在对象中是不可能的，对象会把数字 5 转换为字符串 5，然后作为键，因而不可能同时将数字 5 和字符串 5 作为不同的键。

8.3.2　添加和删除元素

与 Set 有点不同，Map 添加元素的方法是 set，删除方法一样是 delete，例如以下代码：

```
map.set(obj,1);
console.log(map); //Map { {} => 1 }

map1.delete(obj);
console.log(map1); //Map { [Function: fn] => 2, 5 => 3, '5' => 4 }
```

8.3.3　获取值

要获取值，可以使用 get 方法，例如以下代码：

```
console.log(map1.get(fn));  // 2
```

如果要获取全部值，可以使用 values 方法，例如以下代码：

```
console.log(map1.values());  // MapIterator { 2, 3, 4 }
```

8.3.4　清空 Map

要清空 Map，可使用 clear 方法，例如以下代码：

```
map.clear();
```

8.3.5　判断某个键是否存在

要判断某个键是否存在，可以使用 has 方法，例如以下代码：

```
console.log(map.has(fn)); //false
console.log(map1.has(fn)); //true
```

8.3.6　遍历

与 Set 方式一样，要遍历 Map 可以使用自身的 forEach 方法或使用 for...of 循环，例如以下代码：

```
map1.forEach((value,key)=>console.log(key,value));

for (const [key, value] of map1) {
    console.log(key,value);
}
```

使用 forEach 方法时要注意回调函数的第一个参数是值，第二个参数才是键。

8.3.7　返回元素总数

与 Set 一样，Map 也有 size 属性用于返回元素总数。

8.4　WeakMap

与 WeakSet 一样，WeakMap 的主要作用也是为了便于回收对象。使用 WeakMap 时要注意，键只能是对象，而值则可以是任意数据。

8.4.1　基本语法

创建 WeakMap 与创建 Map 没太大区别，唯一要注意的是键必须是对象，不然会抛出错误，

例如以下代码:

```
let map = new WeakMap();
let obj ={x:1},
    obj2 = {y:1};
let map1 = new WeakMap([[obj,1],[obj2,2]]);
console.log(map);  // WeakMap {}
console.log(map1); // WeakMap {}
```

8.4.2　添加和删除元素

WeakMap 也是通过 set 和 delete 方法来添加元素和删除元素的。

8.4.3　获取值

WeakMap 也有 get 方法用来获取值。

8.4.4　判断某个键是否存在

WeakMap 也有 has 方法用来判断某个键是否存在。

8.4.5　不可遍历

与 WeakSet 一样,WeakMap 的键不知何时就不在了,也就无法确定自己的长度,因而没有 size 属性,这也导致了 WeakMap 是不可遍历的。

8.5　小　结

由于早期的 JavaScript 只有数组和对象两种方式来存储数据,因此在很多框架中都不会有存储的概念,而是把数据绑定在 DOM 元素上,这导致脚本在获取数据并进行处理时存在一定困难。在 Ext JS 框架中独辟蹊径,通过自定义集合类来实现本地存储,从而在数据库处理上有它自己独特的地方。这个本地存储就是通过数组和对象来模拟集合和映射的功能,从而实现数据处理的功能,总的来说,这个功能还是不错的。如果将这个本地存储修改为使用 ES6 引入的集合和映射来处理,应该能简化代码并改进性能。

如何使用好新加入集合和映射对象,以方便本地数据处理,也是需要好好研究的课题。

第9章 迭代器和生成器

在早期的编程语言中，如果要遍历数据，一般会使用 for 循环，而随着编程语言的发展，感觉 for 循环有点麻烦，于是发展出了 foreach 语句（各编程语言语法会有不同）来简化循环的定义，而这也确实非常方便。JavaScript 当然也不会例外，从 for 循环开始，在 ES 5 中添加了 forEach 方法，而在 ES 6 中则添加了 for...of 循环。在本章将讲述这些在 ES 6 新添加的功能。

9.1 迭代器

在 JavaScript 中，迭代器被设计为一种特定的接口，只要具有该接口的对象，就可以实现遍历，且拥有 next 方法。

9.1.1 内置迭代器

在字符串、数组、类型化数组、映射和集合中都已经内置了迭代器，通过 Symbol.iterator 方法就可以访问，例如以下代码：

```
let str = 'hello';
let iterator = str[Symbol.iterator]();
console.log(iterator.next()); // { value: 'h', done: false }
```

9.1.2 next 方法

在获得迭代器之后，就可以通过 next 方法来返回序列中的对象，每一个对象包含 value 和 done 两个属性，其中，value 属性返回当前的值，而 done 属性则用来表示遍历是否已经结束，如果值为 false，就表示未结束，反之，则表示已结束，例如以下代码：

```
console.log(iterator.next()); //{ value: 'h', done: false }
console.log(iterator.next()); //{ value: 'e', done: false }
console.log(iterator.next()); //{ value: 'l', done: false }
console.log(iterator.next()); //{ value: 'l', done: false }
console.log(iterator.next()); //{ value: 'o', done: false }
```

```
console.log(iterator.next());  //{ value: undefined, done: true }
```

9.1.3 对象与迭代器

对象是没有内置迭代器的，要想将对象转换为可迭代的对象，需要自行编写迭代器，又或者使用 Object 的 entries、keys 或 values 方法先提取对象的键值、键或值，再调用 Symbol.iterator 方法。例如，要在对象内添加遍历属性的迭代器，可为对象添加 Symbol.iterator 方法，代码如下：

```
class Car {
    constructor(color,passengers ){
        this.color = color;
        this.passengers = passengers;
    }
    [Symbol.iterator](){
        return Object.keys(this)[Symbol.iterator]();
    }
}

let car = new Car('blue',5);
let iterator = car[Symbol.iterator]();
console.log(iterator.next());  //{ value: 'color', done: false }
console.log(iterator.next());  //{ value: 'passengers', done: false }
console.log(iterator.next());  //{ value: undefined, done: true }
```

9.2 异步迭代器

由于同步迭代器无法处理异步数据源，因此在 ES 2018 中引入了异步迭代器，以便处理异步数据。与同步迭代器具有 Symbol.iterator 方法类似，异步迭代器也有自己的迭代方法 Symbol.asyncIterator。在调用 next 方法后，异步迭代器会返回带有迭代结果的 Promise 对象[1]。

9.3 生成器

要自定义一个迭代器，最大的麻烦是需要自己维护迭代器的状态，如当前索引。为了简化迭代器的编写，于是就有了生成器（Generator），它允许定义一个包含自有迭代算法的函数，

---

[1] 有关 Promise 对象的信息请查看第 10 章相关内容。

同时可自行维护自己的状态。

9.3.1 基本语法

要指定函数为生成器，需要在 function 关键字后加一个星号（*），并使用 yield 关键字来返回结果，例如以下代码：

```
function* generator(){
    yield 1;
    yield 2;
    yield 3;
}
let gen = generator();
console.log(gen.next()); //{ value: 1, done: false }
console.log(gen.next()); //{ value: 2, done: false }
console.log(gen.next()); //{ value: 3, done: false }
console.log(gen.next()); //{ value: undefined, done: true }
```

以上代码中的星号的位置并没有特殊规定，只要跟在 function 关键字之后就行了。从代码中可以看到，我们并不需要自行编写迭代器状态维护代码，生成器会为我们把这项工作干了，相当方便。

9.3.2 返回可迭代对象

当生成器要返回的是数组、字符串等可迭代的对象时，可以使用 yield*语句来简化书写，例如以下代码：

```
function* generator(){
    yield* [1,2,3]
}
let gen = generator();
console.log(gen.next()); //{ value: 1, done: false }
console.log(gen.next()); //{ value: 2, done: false }
console.log(gen.next()); //{ value: 3, done: false }
console.log(gen.next()); //{ value: undefined, done: true }
```

9.3.3 在类或对象中定义生成器

要在类或对象中定义生成器，可以使用基本语法，也可以使用简写，在方法名前面加星号就可以了，例如以下代码：

```
class Car{
    *generator(){
        yield 1;
        yield 2;
        yield 3;
    }
}

let car = new Car();
let gen =car.generator();
console.log(gen.next());  //{ value: 1, done: false }
console.log(gen.next());  //{ value: 2, done: false }
console.log(gen.next());  //{ value: 3, done: false }
console.log(gen.next());  //{ value: undefined, done: true }

let obj = {
    *generator(){
        yield 1;
        yield 2;
        yield 3;
    }
}

let gen1 = obj.generator();
console.log(gen1.next());  //{ value: 1, done: false }
console.log(gen1.next());  //{ value: 2, done: false }
console.log(gen1.next());  //{ value: 3, done: false }
console.log(gen1.next());  //{ value: undefined, done: true }
```

9.3.4 高级生成器

在调用 next 方法时，可以通过传递参数给 next 的方式修改生成器内部状态的值，例如以下代码：

```
let getId = function *(prefix,start){
    while(true){
```

```
        let stop = yield prefix + start++;
        if(stop) break;
    }
}
let gen = getId('div',1);
console.log(gen.next());  // { value: 'div1', done: false }
console.log(gen.next());  // { value: 'div2', done: false }
console.log(gen.next(true));  //{ value: undefined, done: true }
```

以上代码会根据传递给生成器的前缀和起始值创建一个 id 值返回。如果不将 true 传递给 next 方法，生成器会一直运作下去，而将 true 传递过去后，生成器的最后一个结果会变成 true，并赋值给 stop，从而停止生成器的运作。

如果还是不太明白这个值的关系，可以通过以下代码来进一步了解：

```
function* generator(){
    let index =0;
    while(true){
        let step = yield index++;
        console.log(step);
        if(step === 4) index =0;
    }
}
let gen = generator();
console.log(gen.next(4));
console.log(gen.next());
console.log(gen.next(4));
console.log(gen.next());
//以下为输出:
// { value: 0, done: false }
// undefined
// { value: 1, done: false }
// 4
// { value: 0, done: false }
// undefined
// { value: 1, done: false }
```

从输出可以看到，在第一次调用 next 方法时，传递给方法的值会被忽略，不会输出任何有关 step 的值。如果没有传递值给 next 方法，step 的值会为 undefined。若将值传递给方法，则 step 的值为传递过来的值，这时，index 的值就会重置，重新从 0 开始计算。

9.3.5 抛出错误

迭代器带有一个 throw 方法用来抛出一个错误，而这个错误可在生成器内部捕获并进行处理，例如以下代码：

```
function* generator(){
    try {
        yield 1;
        yield 2;
        yield 3;
        yield 4;
    } catch (error) {
        yield 99;
    }
}
let gen = generator();
console.log(gen.next());  //{ value: 1, done: false }
console.log(gen.next());  //{ value: 2, done: false }
console.log(gen.throw());  //{ value: 99, done: false }
console.log(gen.next());   //{ value: undefined, done: true }
```

从以上代码可以看到，当使用迭代器调用 throw 方法抛出一个错误的时候，生成器会返回 99，并中止生成器的状态。

9.3.6 return 语句

在以上的示例代码中，没有在生成器内使用 return 语句返回数据，并不意味着不能在生成器内使用 return 语句。虽然 return 语句还是可以使用的，但要注意的是，这会直接退出生成器，如将 9.3.4 节的第二个示例代码的判断语句修改为 "return 99"，那么执行结果的输出如下：

```
{ value: 0, done: false }
undefined
{ value: 1, done: false }
4
{ value: 99, done: true }
```

```
{ value: undefined, done: true }
```

从输出结果可以看到，当执行 return 语句后，再执行 next 方法，done 的值已经是 true，表示生成器状态已经结束了，不会继续生成值了。

9.3.7　任务队列

在使用 Ajax 获取数据时，有时候需要先获取一个数据，然后根据返回结果获取第二个数据，再根据第二个返回结果获取第三个数据，这样一直执行到任务结束。要实现这个功能，一般的写法如下：

```
function send(url,callback){
    //发送请求
}

send('https://localhost/',function(result1){
    let data1 = JSON.parse(result1);
    send(`https://localhost/?params=${data1.params}`,function(result2){
        let data2 = JSON.parse(result2);

send(`https://localhost/?params=${data2.params}`,function(result3){
        let data3 = JSON.parse(result3);
        ...
    });
    });
});
```

如果任务数很多，以上代码的嵌套就会很累赘，可阅读性也很差。通过生成器可将以上代码简化如下：

```
class Task{
    constructor(tasks){
        var me = this;
        me.index = 0;
        me.tasks = tasks;
        me.generator = me.generator();
        me.generator.next();
    }
    *generator(){
```

```
        let me = this,
            tasks = me.tasks,
            result = null,
            data = null;
        if(Array.isArray(tasks)){
            for(let i=0;i<tasks.length;i++){
                result = yield me.send(`${tasks[0]}?params=${data ?
data.params : ''}`,me.onComplete);
                data = JSON.parse(result);
            }
        }
    }
    onComplete(result){
        this.generator.next(result);
    }
    send(url){
        let me = this;
        me.index++;
        console.log(url);
        setTimeout(() => {
            me.onComplete(`{"params":${me.index}}`);
        }, 10);
    }
}
let task = new
Task(['https://localhost/','https://localhost/','https://localhost/']);
//输出
// https://localhost/?params=
// https://localhost/?params=1
// https://localhost/?params=2
```

在以上代码中，创建了一个 Task 类。类内自带一个生成器，这样，把访问地址传递给任务，就可以自行发送请求并处理了。在 send 方法内，为了模拟运行流程，保证 send 方法先执行完成，再执行 onComplete 方法，使用了 setTimeout 方法。

对比两段代码，虽然第二段代码的代码量比较多，但可读性好，而且可以复用。

9.3.8　异步生成器

异步生成器与同步生成器的主要区别是需要在生成器前面加上 async 语句，代码如下：

```
async function* generator(){
  try {
      yield 1;
      yield 2;
      yield 3;
      yield 4;
  } catch (error) {
      yield 99;
  }
}
let gen = generator();
gen.next().then(arg=>console.log(arg)); // { value: 1, done: false }
gen.next().then(arg=>console.log(arg)); // { value: 2, done: false }
gen.throw().then(arg=>console.log(arg)); // { value: 99, done: false }
gen.next().then(arg=>console.log(arg));  // { value: undefined, done:
true }
```

除了需要在生成器前添加 async 语句外，在使用异步生成器返回可迭代对象后，还需要调用 then、catch 或 finally 等方法对结果进行处理。

9.4　for...of 循环

为了便于遍历可迭代的对象，在 ES 6 中新增了 for...of 循环。for...of 循环是通过可迭代对象的 Symbol.iterator 方法来获取迭代器并调用迭代器的 next 方法来获取值的，因而，具有迭代器的对象都可通过 for...of 方法遍历。字符串、数组、类型化数组、映射和集合等对象已经内置了迭代器，可直接使用 for...of 循环进行遍历。对于对象等没有内置迭代器的对象，则需要自行编写迭代器，或者通过 entries、keys 或 values 等方法转换为具有迭代器的对象后再使用 for...of 循环，具体示例可参考 9.1 节的内容。

与 for 循环相比，for...of 最大的好处就是不需要处理索引，迭代器已经为你代劳了，开发人员所要做的就是对返回值进行处理。与 forEach 方法相比，for...of 循环可以使用 break、return 等语句终止循环，而 forEach 方法则不可以。与 for...in 循环相比，for...of 获取的是键值，而 for...in 循环获取的是键，若要处理的是值而不是键，则采用 for...of 更合适。

9.5　for await...of 循环

为了能遍历异步的可迭代对象，在 ES 2008 中还加入了 for await...of 循环。要使用 for await...of 循环一定要注意，循环只能在异步函数中使用，如要遍历 9.3.8 节的异步生成器，可使用以下代码：

```
let fn = async function(){
  for await (const item of gen) {
    console.log(item);
  }
}


fn();
//输出
//1
//2
//3
//4
```

9.6　小　结

迭代器和生成器的引入是 JavaScript 语言的一大重要改进，也是 JavaScript 语言急需的改进。通过迭代器和生成器可以简化代码、提高代码的可读性，是时常会使用到的功能，因而，需要多去了解并使用它们，以提高开发效率和提高代码的可读性。

第10章 Promise对象与异步函数

要实现一个任务执行完成后再去执行另一个任务，在早期的 JavaScript 中不得不一层层地嵌套回调函数，是一件挺烦人的工作。为了解决这个问题，在 ES 6 中引入了 Promise 对象，通过它可以指定某个操作完成后要执行的操作，而且可以根据前一个处理的结果来判断是否需要执行后续的操作，从而摆脱烦人的回调函数嵌套，让代码更简洁、更便于阅读，是 JavaScript 的一个重要改进。

10.1 Promise 对象

10.1.1 基本语法

要创建 Promise 需使用 Promise 构造器来创建，也就是需要使用 new 关键字来创建。在创建时，必须传递一个被称为执行器（executor）的函数给构造器，以初始化 Promise 的代码。这个执行器带有名为 resolve 和 reject 的两个函数，会作为参数传递给执行器。其中，resolve 会在执行器成功执行后执行，而 reject 函数则会在执行器执行失败后执行。通常，会在执行器内部执行一些异步操作，当这个操作完成后，就可以根据操作状态，成功时调用 resolve 函数来将 promise 状态修改为 fulfilled，失败时将状态修改为 rejected，具体的示例代码如下：

```
let promise = new Promise((resolve,reject)=>{
    //异步操作代码...
    let success = true;
    if(success){
        resolve('成功');
    }else{
        reject('失败');
    }
});
```

```
promise.then((value)=>console.log(value),(value)=>console.log(value));
```

在执行器内部，使用了 success 来表示模拟异步操作是否成功，当 success 为 true 时，调用 resolve 函数，当为 false 时，调用 reject 函数。在执行 resolve 或 reject 函数时，会将传递给它们的值传递给后续的操作，也就是 then 方法中的两个回调函数。第一个回调函数会在状态 fulfilled 时执行，第二个回调函数会在状态 rejected 时执行，也就是说，当 success 为 true 时，代码会输出成功，而为 false 时，会输出失败。

10.1.2 Promise 的状态

从上一节的示例可以看到，Promise 是通过修改它的内部状态来决定后续操作如何运行的，而它的状态主要包括以下三种。

● pending: *初始状态，表示当前状态为挂起状态，既不是成功状态，也不是失败状态。*
● fulfilled: *表示操作已经成功完成。*
● rejected: *表示操作失败。*

在创建 Promise 对象的实例时，Promise 的状态默认为挂起，等待操作完成，就可以使用执行器的 resolve 或 reject 函数来调整状态，进入后续处理，也就是执行传递给 then 方法的函数。若当前状态为 fulfilled，则执行传递给 then 方法的第一个函数，否则执行第二个函数。

10.1.3 then 方法

方法 then 用于实现 Promise 对象的上一个操作的后续处理。它可接受两个参数，第一个参数用于指定状态为 fulfilled 时要执行的函数，第二个参数用于指定状态为 rejected 时要执行的函数。要注意的是，这两个参数都是可选的，可以都不指定，也可以指定其中一个。

无论是 fulfilled 的回调函数，还是 rejected 的回调函数，都具有一个参数，该参数的值为上一操作传递给 resolve 或 reject 函数的值。

调用 then 方法后，会返回一个 Promise 对象，而该对象的状态与回调函数的返回值相关：

● *如果返回一个值，Promise 的状态为 fulfilled 状态，且返回值会成为后续操作的值。*
● *如果抛出一个错误，Promise 的状态为 rejected 状态，并且会把错误作为后续操作的值。*
● *如果返回的是状态为 fulfilled 的 Promise，那么 then 方法返回的 Promise 的状态也为 fulfilled，并且状态为 fulfilled 的 Promise 的参数值会成为后续 resolve 操作的参数值。*

- 如果返回的是状态为 rejected 的 Promise，那么 then 方法返回的 Promise 的状态也为 rejected，并且状态为 rejected 的 Promise 的参数值会是程序后续 reject 操作的参数值。
- 如果返回的是状态为 pending 的 Promise，那么 then 方法返回的 Promise 的状态也为 pending，并且 Promise 的最终状态会与返回的 Promise 的最终状态相同，同时最终状态返回的值会作为后续操作的返回值。

由于 then 方法返回了 Promise，因此可使用链式操作的写法，例如以下代码：

```
promise.then(onFulfilled1,onRejected1).then(onFulfilled2,onRejected2).then(onFulfilled3,onRejected3);
```

以上代码只用了三次 then 方法，并不意味着只可执行三次 then 方法，如果功能需要，可以一直在后续添加 then 方法，直到功能实现。

10.1.4 catch 方法

catch 方法类似于 then 方法，不定义状态为 fulfilled 时的回调函数，主要用于 rejected 状态时的错误处理。使用时，需要传递用于处理错误的回调函数给它。它也会返回 Promise，因而可以使用链式操作的写法。

10.1.5 all 方法

如果需要执行多个任务后才能执行后续操作，就可以使用 all 方法来组合这些任务，例如以下代码：

```
let promise1 = new Promise();
let promise2 = new Promise();
let promise3 = new Promise();
let promiseMain = Promise.all([promise1,promise2,promise3]);
```

以上代码将 promise1、promise2 和 promise3 三个任务组合在了一起。只有当这三个任务的状态都为 fulfilled 时，promiseMain 的状态才会为 fulfilled，否则，只要有一个任务的状态为 rejected，promiseMain 的状态都为 rejected。

需要注意的是，all 方法是 Promise 对象的静态方法，不能在 Promise 的实例中调用。

方法 all 会返回一个 Promise，可调用 then 或 catch 等方法来执行后续操作。

10.1.6 race 方法

race 方法的用法与 all 方法类似，不同之处在于 race 方法只需一个子任务的状态为 fulfilled，主任务的状态就为 fulfilled，只有三个任务都同时为 rejected 时，主任务的状态才为 rejected。

10.1.7 resolve 方法

resolve 方法是 Promise 的静态方法，用于返回一个处于 fulfilled 状态的 Promise，通过参数可以为后续任务传递值。

10.1.8 reject 方法

reject 方法是 Promise 的静态方法，用于返回一个处于 rejected 状态的 Promise，通过参数可以为后续任务传递值。

10.1.9 finally 方法

finally 方法是在 ES 2018 中引入的，作用有点类似 try…catch…finally 语法中的 finally 语句，也就是无论异步的操作结果是什么状态，都会执行 finally 方法。

10.2 异步函数

虽然使用 Promise 解决了异步任务的问题，但使用起来还是不太完美，于是在 ES 2017 中引入了异步函数（async function）。所谓异步函数，就是在声明函数时，在 function 前加上 async 来声明这是一个异步函数，例如以下代码：

```
function doSomething(){
    return Promise.resolve('成功');
    //return Promise.reject('失败');
}


async function fn(){
    let result = await doSomething();
    return result;
}


fn().then((result)=>console.log(result),(result)=>console.log(result));
```

在以上代码中，定义了一个异步函数 fn。在 fn 内部，使用了 await 操作符来等待 doSomething

函数的执行。只有在 doSomething 函数执行完毕并返回结果后，才会执行后续的 return 语句。这里要注意的是，doSomething 函数返回的 Promise 的状态就是 fn 返回的 Promise 的状态。如果 doSomething 函数返回的不是 Promise，那么 fn 就会返回一个状态为 fulfilled 的 Promise。

10.3 小 结

异步操作是 JavaScript 常见的操作，为了改善这方面的代码，在 ES 6 中加入了 Promise 对象，又在 ES 2017 中加入了异步函数，总的来说，是在不断完善这方面的功能，让异步编程变得更简单方便。我们所需要做的就是了解这方面的知识并在开发中使用它们。

第11章 代理

在 ECMAScript 中，对象的行为是根据与其关联的内部方法[1]来进行的，而这些内部方法是不可修改的，也就是说，开发人员是不可以修改对象的行为的。如果开发人员需要修改对象的行为，那就得提供一种机制，允许在不修改内部方法的前提下，改变对象的行为。在 ES 6 中引入了代理（Proxy）机制，通过代理可以拦截这些行为，并执行指定的操作。本章将讲述代理这个能改变对象行为的对象。

11.1　Reflect 对象

Reflect 对象是 ES 6 引入的对象，通常与代理一起使用。通过代理可修改对象的默认行为，而 Reflect 对象则提供了一些与代理的处理器（handler）一一对应的方法，用于处理对象的默认行为。

Reflect 对象是内置对象，且没有构造函数，不能使用 new 来创建实例。Reflect 对象主要包括表 11-1 所示的 13 个静态方法。

表 11-1　Reflect 对象的静态方法

方法名	说明
apply	对一个函数进行调用操作
construct	对构造函数进行 new 操作
defineProperty	为对象定义或修改一个属性。与 Object.defineProperty 的主要不同在于返回值，Object.defineProperty 返回的是调用它时的第一个参数，而 Reflect. defineProperty 返回的是布尔值，操作成功时返回 true，失败时返回 false
deleteProperty	删除对象的一个属性，操作类似 delete 操作符。在操作成功时返回 true，失败时返回 false
get	返回对象的属性值

---

[1]有关内部方法详细信息可参阅：http://www.ecma-international.org/ecma-262/8.0/index.html#table-5。

（续表）

方法名	说明
getOwnProperty Descriptor	返回指定的对象属性的属性描述符，如果属性不存在，返回 undefined。与 Object.getOwnPropertyDescriptor 的区别在于如何处理非对象目标
getPrototypeOf	返回对象的原型，与 Object. getPrototypeOf 的主要区别在于 Object. getPrototypeOf 会进行类型转换，再获取原型，而 Reflect. getPrototypeOf 则不会。例如，将 1 传递 给它们，Object. getPrototypeOf 会将 1 转换为 Number 对象，然后返回 Number 对象 的原型，而 Reflect. getPrototypeOf 则会抛出错误
has	用于判断属性是否包含在对象内，与 in 操作符作用相同
isExtensible	用于判断一个对象是否可扩展，与 Object. isExtensible 的主要区别在于，当接收的参 数不是一个对象时，Object. isExtensible 会返回 false，而 Reflect. isExtensible 则会抛 出一个错误
ownKeys	返回由对象自身可枚举属性组成的数组
preventExtensions	将对象设置为不可扩展对象，与 Object. preventExtensions 的主要区别在于，无论传 递给 Object. preventExtensions 的参数是什么类型的值，都会返回参数值，而 Reflect. preventExtensions 在参数不是对象时会抛出错误
set	为对象的属性设置值
setPrototypeOf	为对象指定原型，与 Object.setPrototypeOf 的主要区别在于返回值，Object.setPrototypeOf 在失败时会抛出错误，而 Reflect.setPrototypeOf 在成功时返回 true，在失败时返回 false

11.2　使用代理

要创建代理，需要使用 Proxy 构造器来创建，也就是需要使用 new 关键字来创建。创建代 理需要告诉代理目标对象是什么，还需要告诉代理要代理对象的哪些行为，例如以下代码：

```
let target = {};
console.log(target.y);  //undefined
let handler = {
    get: function(target,key){
        return key in target ? target[key] : 1;
    }
}
let proxy = new Proxy(target,handler);
```

```
proxy.x = 2;
console.log(proxy.x);   //2
console.log(proxy.y);   //1
```

从以上代码可以看到，在没有使用代理的时候，访问对象不存在的属性会返回 undefined，这是对象的默认行为。在使用代理修改对象的 get 行为后，访问不存在的属性则会返回 1。

传递给代理的第二个对象名为处理器，主要用来定义一个或多个陷阱函数，用于代替对象的默认行为。如果没有提供陷阱函数，代理就会采用默认行为。

11.3　可代理的操作

11.3.1　getPrototypeOf 操作

操作 getPrototypeOf 用于返回对象的原型，在执行以下 5 种操作时会触发该操作：

- Object.getPrototypeOf()
- Reflect.getPrototypeOf()
- __proto__
- Object.prototype.isPrototypeOf()
- instanceof

在自定义该操作时要注意的是，返回值必须是对象或者 null，否则会抛出类型错误的异常。

11.3.2　setPrototypeOf 操作

操作 setPrototypeOf 可用来为对象设置一个原型，在执行 Object.setPrototypeOf 或 Reflect.setPrototypeOf 时会触发该操作。

如果不希望对象在使用时被修改原型,可以通过修改 setPrototypeOf 的默认行为,返回 false 或抛出错误就能轻松实现,例如以下代码：

```
let target = {};
let handler = {
    setPrototypeOf: function(target,newProto){
        return false;
        //throw new Error('不能修改原型');
    }
}
```

```
let proxy = new Proxy(target,handler);
Object.setPrototypeOf(proxy, Array); //会抛出类型错误
```

11.3.3　isExtensible 操作

操作 isExtensible 用于判断对象是否可扩展，在调用 Object.isExtensible 或 Reflect.isExtensible 时会触发该操作。

修改这个操作的默认行为一定要小心，修改行为后的返回值必须与原对象在调用 Object.isExtensible 时返回的值相同，不然会抛出错误，例如以下代码：

```
let target = {};
let handler = {
    isExtensible: function(target){
        return false;
    }
}
let proxy = new Proxy(target,handler);
console.log(Object.isExtensible(target));  //true
console.log(Object.isExtensible(proxy));   //抛出类型错误
```

以上代码中，Object.isExtensible(target)返回的是 true，因而 Object.isExtensible(proxy)也必须返回 true，如果类似代码中那样返回 false，就会抛出类型错误。如果在两个输出语句之前添加"Object.preventExtensions(target);"，将 target 修改为不可扩展的对象，代码就不会抛出类型错误，这时，如果将返回值修改为 true，又会抛出类型错误。

11.3.4　preventExtensions 操作

操作 preventExtensions 可将一个对象转换为不可扩展的对象，也就是让对象不能添加新的成员，在调用 Object. preventExtensions 或 Reflect. preventExtensions 时会触发该操作。

11.3.5　getOwnPropertyDescriptor 操作

操作 getOwnPropertyDescriptor 用于返回对象自有属性的特性，在调用 Object. getOwnPropertyDescriptor 或 Reflect. getOwnPropertyDescriptor 时会触发该操作。

修改该操作的行为需要注意的是，如果返回结果不符合下列条件，就会抛出类型错误：

● 返回值不是对象或 undefined。

● 如果属性是目标对象的不可配置（configurable 为 false）属性，那么返回的属性

特性与属性自身的特性不相符，例如以下代码:

```
let target = {};
Object.defineProperty(target, "x", {
    enumerable: false,
    configurable: false,
    writable: false,
    value: 1
  });
let handler = {
    getOwnPropertyDescriptor: function(target,property){
        //return Object.getOwnPropertyDescriptor(target,property);
        return { value: 1, writable: false, enumerable: false, configurable:
false };
    }
}
let proxy = new Proxy(target,handler);
console.log(Object.getOwnPropertyDescriptor(proxy,'x'));
```

以上代码为 target 定义了一个不可配置属性 x，要在自定义的 getOwnPropertyDescriptor 中返回 x 的特性，就必须与 x 的自身特性相符，不然会抛出异常错误。

为了能让自定义的 getOwnPropertyDescriptor 操作可以正常运作，在返回目标对象的不可配置属性的特性时，最好直接使用 Object.getOwnPropertyDescriptor 方法返回属性的特性。

- 如果属性是目标对象的属性，且目标对象不可扩展，返回 undefined。
- 如果属性不是目标对象的属性，且目标对象不可扩展，不返回 undefined。
- 如果属性不是目标对象的属性或是目标对象的可配置属性，在返回特征时将 configurable 设置为 false。

11.3.6　defineProperty 操作

操作 defineProperty 用于定义属性的特性，在调用 Object. defineProperty 或 Reflect. defineProperty 时会触发该操作。

修改该操作的行为需要注意的是，返回值必须是布尔值，以确定定义属性的操作是否成功。

11.3.7　has 操作

has 操作用于判断对象是否存在某个属性，可以看作是 in 操作的钩子，在执行以下操作时会触发该操作。

- 属性查询：property in proxy。
- 继承属性查询：property in Object.create(proxy)。
- with 检查：with(proxy){ (property);}。
- Reflect.has()。

该操作需返回布尔值来确定对象是否包含要检查的属性。

通过重写 has 操作可以帮助对象隐藏某些属性，例如以下代码：

```
let target = { x:1};
let handler = {
    has: function(target,property){
        if(property === 'x') return false;
        return true;
    }
}
let proxy = new Proxy(target,handler);
console.log('x' in proxy);  //false
```

11.3.8 get 操作

该操作用于返回属性的值，在执行以下操作时会触发该操作。

- 访问属性：proxy[property]和 proxy. property。
- 访问原型链上的属性：Object.create(proxy)[property]。
- Reflect.get()。

在自定义该操作时，需要注意的是，当要访问的目标属性是不可写且不可配置的时候，返回值必须与属性值相同，不然会抛出类型错误。

在 JavaScript 中，如果访问对象不存在的属性，就会返回 undefined，而不是抛出错误，因而，在很多时候，由于写错属性名，程序依然可以运行，并不会抛出错误，只是输出结果有错误。为了解决这类问题，有时候还是挺费劲的。当然，如今的编辑器通过语法检查和智能提示技术可以很好地避免这些错误，但问题依然会存在。为了更好地解决这个问题，可以考虑自定义 get 操作，在发现对象不存在该属性时，抛出错误，而不是返回 undefined，例如以下代码：

```
let target = {};
```

```
let handler = {
    get: function(target,property,receiver){
        if (!(property in receiver)) {
            throw new TypeError("属性 " + property + " 不存在。");
        }
        return Reflect.get(target, property, receiver);
    }
}
let proxy = new Proxy(target,handler);
console.log(proxy['x']);  //抛出类型错误
```

11.3.9　set 操作

set 操作用于设置属性的值，在执行以下操作时会触发该操作。

● 设置属性值：proxy[property] = value 和 proxy. property = value。

● 设置继承者的属性值：Object.create(proxy)[property] = value。

● Reflect.set()。

在自定义该操作时，需要注意的是，当要访问的目标属性是不可写且不可配置的时候，就不能修改该属性的值，不然会抛出类型错误。

通过自定义 set 操作可以实现赋值验证，例如以下代码：

```
let target = {x:1};
let handler = {
    set: function(target,property,value){
        if (property === 'x' && isNaN(value)) {
            throw new TypeError("属性 " + property + " 的值非法。");
        }
        return Reflect.set(target, property, value);
    }
}
let proxy = new Proxy(target,handler);
console.log(proxy['x'] = 2);  //2
```

11.3.10　deleteProperty 操作

操作 deleteProperty 用于删除属性，在执行以下操作时会触发该操作。

- 删除属性： delete proxy[property]和 delete proxy. property。
- Reflect. deleteProperty ()。

在自定义该操作时，需要注意的是，如果目标对象的属性是不可配置的，就不能删除该属性，不然会抛出类型错误。

通过自定义 deleteProperty 操作可以避免属性被删除，例如以下代码：

```
let target = {x:1,y:2};
let handler = {
    deleteProperty: function(target,property){
        if (property === 'x') {
            throw new TypeError("属性 " + property + " 不能删除。");
        }
        return Reflect.deleteProperty(target, property);
    }
}
let proxy = new Proxy(target,handler);
delete proxy['y'];
console.log(proxy);  //{ x: 1 }
delete proxy['x'];  //抛出类型错误
```

11.3.11 ownKeys 操作

ownKeys 操作用于返回由对象自身可枚举属性组成的数组，在执行以下操作时会触发该操作：

- Object.getOwnPropertyNames()
- Object.getOwnPropertySymbols()
- Object.keys()
- Reflect.ownKeys()

在自定义该操作时，需要注意的是，返回的值必须是数组，且数组的元素必须是字符串或符号。如果对象包含不可配置且是自有属性的属性，就必须返回这些属性的键。如果目标对象是不可扩展的，那么必须返回所有目标对象的自有属性的键，且不能有其他值。

通过自定义 ownKeys 操作可以把私有属性过滤掉，例如以下代码：

```
let target = {_x:1, y:2};
```

```
let handler = {
    ownKeys: function(target){
        return Reflect.ownKeys(target).filter(key=>{
            return typeof key !== "string" || key[0] !== "_";
        });
    }
}
let proxy = new Proxy(target,handler);
console.log(Object.getOwnPropertyNames(target));  //[ '_x', 'y' ]
console.log(Object.getOwnPropertyNames(proxy));   //[ 'y' ]
```

11.3.12　apply 操作

apply 操作用于调用函数，在执行以下操作时会触发该操作：

- proxy(...args)
- Function.prototype.apply() 和 Function.prototype.call()
- Reflect.apply()

在自定义该操作时，需要注意的是，目标对象必须是函数对象，例如以下代码：

```
let target = function(x,y,z){ return true};
let handler = {
    apply: function(target,thisArg, argumentsList){
        console.log(argumentsList);  //[ 1, 2, 3 ]
        return argumentsList[0]+argumentsList[1]+argumentsList[2];
    }
}
let proxy = new Proxy(target,handler);
console.log(proxy(1,2,3));  //6
```

11.3.13　construct 操作

construct 操作主要用于拦截 new 操作符，在使用 new 操作符创建实例或调用 Reflect.construct 方法时会触发该操作。

自定义的 construct 操作必须返回一个对象，不然会抛出一个类型错误。

11.4　可撤销的代理对象

通过代理的 revocable 方法可以创建一个可撤销的代理对象，例如以下代码：

```
let target = {x:1};
let proxy = Proxy.revocable(target,{});
console.log(proxy);   //{ proxy: { x: 1 }, revoke: [Function: revoke] }
console.log(proxy.proxy.x);  //1
proxy.revoke();
console.log(proxy.proxy.x);  //抛出类型错误
```

从以上代码可以看到，调用 revocable 方法后会返回一个对象，在对象内包含代理对象以及一个 revoke 方法，用于撤销代理对象。在没有撤销代理对象之前，可以正常访问属性 x，而在调用 revoke 之后，则不可访问属性 x，说明代理已经被撤销了。

11.5　小　结

在 ES 6 之前，要想通过修改底层操作来修正 JavaScript 一些比较怪异的行为，基本上很难，而有了代理之后，就可以很好地实现这样的功能了，这等于为开发者打开了另一扇门，是相当不错的功能。

如何更好地使用代理，是值得开发人员好好思考和探讨的。

第12章 类和模块

JavaScript 是一种比较有趣的开发语言，里子是面向对象的，但面则是函数式编程。好不容易，开发人员掌握了如何通过函数式编程来实现继承等面向对象的编程方式，于是，各种类库和框架如雨后春笋般出现，而这时候，开发人员不得不回头审视没有类和模块这个问题。使用函数来实现类的功能，代码可读性差、臃肿等问题不容忽视。更大的问题在于没有包之类的概念来划分代码，使得代码非常容易出现命名冲突等问题。于是，在 ES 6 中终于引入了类和模块这两个概念来解决这些问题。

12.1 类

大家在使用类之前，首先要清楚一点，ES 6 引入的类不是什么新的东西，只是语法糖[1]，它的里子还是基于原型的继承，例如以下代码：

```
class Car{};
console.log(typeof Car);  //function
```

从输出可以看到，类本质上是一个函数，还是通过原型来实现继承的。

12.1.1 类的声明

JavaScript 类的声明与其他语言没什么区别，都是使用 class 关键字开始的，如前面的代码。类声明与函数声明的一个重要区别是类声明不会提升，只有声明了类之后，才可以访问它。

12.1.2 类表达式

类也可以使用表达式的方式来定义，例如以下代码：

```
let Car = class {};
```

---

[1] 有关语法糖的详细信息可参阅：https://baike.baidu.com/item/%E8%AF%AD%E6%B3%95%E7%B3%96。

熟悉面向编程的开发人员估计很不习惯以上写法，感觉怪怪的。

12.1.3　定义属性

定义属性可能是最被诟病的，与习惯大不一样，必须在构造函数中定义，例如以下代码：

```
let Car = class {
    constructor(color){
        this.color = color;
    }
};
let car = new Car('blue');
console.log(car.color);  //blue
```

12.1.4　定义方法

在类中定义方法只可以使用简写方式，例如以下代码：

```
class Car {
    run(value){ console.log(value) }
};
let car = new Car();
car.run(60);  //60
```

12.1.5　访问器属性

如果希望使用 getter 和 setter 来访问和设置属性，而不是直接访问，可使用 get 和 set 关键字来定义方法，例如以下代码：

```
class Car {
    constructor(color){
        this._color = color;
    }
    get color(){ return this._color }
    set color(value){ this._color = value}
};
let car = new Car('blue');
car.color ='yellow';
console.log(car.color);  //yellow
```

使用访问器属性尽管看上去比较累赘，但好处是可以添加额外的处理代码，适合不是直接赋值或不是直接获取值的情况。

12.1.6 静态方法

要定义静态方法，可在方法名前使用 static 关键字来修饰，例如以下代码：

```
class Car {
    static speed(value){ console.log(value)}
};
Car.speed(60);  //60
```

12.1.7 继承

要从父类派生子类，可使用 extends 关键字，例如以下代码：

```
class SuperClass {
    method(value){console.log(value)}
};
class SubClass extends SuperClass{
    method1(value){console.log(value)};
}
let obj = new SubClass();
obj.method(1);  //1
obj.method1(2);  //2
```

12.1.8 使用 super 调用父类同名方法

如果在子类定义了与父类同名的方法，子类的方法就会覆盖父类的方法，如果想继续执行父类方法，可使用 super 来调用父类的同名方法，例如以下代码：

```
class SuperClass {
    method(value){console.log(value)}
};
class SubClass extends SuperClass{
    method(value){
        console.log(value);
        super.method(2)
    };
}
```

```
let obj = new SubClass();
obj.method(1);  //1   2
```

12.2 模 块

在 ES 6 之前，由于没有模块，在一个大的项目中要将代码归类是比较麻烦的一件事，不过办法总归是有的，如 Ext JS 框架，就结合路径、类名和对象层次的方式来组织代码，如 Ext.dom 开头的类就是与 DOM 节点有关的类的集合，Ext.tree 开头的类就是与树有关的类的集合。总地来说，是各有各的招。在 ES 6 引入模块之后，就不用那么麻烦了。

ES 6 引入的模块功能主要靠导出（export）和导入（import）两个关键字来实现，导出可将模块中的函数、对象和原始值等导出，而导入则是将模块导出的函数、对象或原始值导入当前模块。

12.2.1 导出

要将函数、对象和原始值这些数据导出模块，只要在函数、对象和原始值之前加上 export 关键字就行了，例如以下代码：

```
//export.js

export let x = 1;

export function fn(){
    return 'function'
}

export class Car{}
```

以上代码导出的原始值、函数和类都有具体名字，若要使用不具名导出，则可使用默认导出，例如以下代码：

```
export default function(){ return 'default' };
```

要注意的是，每个脚本文件只能带一个默认导出，不然就不知道要导出的是哪个了。

如果不想写那么多个 export，也可以先把需要导出的数据写好，然后在一个 export 语句中导出，例如以下代码：

```
export {x,fn,Car};
```

12.2.2 导入

数据导出后，就可以在别的脚本里导入它们，这需要使用到 import 语句，代码如下：

```
import { x } from './export.js'
console.log(x);  //1
```

以上代码中，花括号内就是要导入的数据，而 from 后的文件名表明这些数据将由哪个模块（脚本）中导入。

如果要从同一个模块（脚本）中导入多个数据，可直接在花括号内添加要导入的数据，例如以下代码就将 export.js 中可导出的数据都导入了：

```
import { x,fn,Car } from './export.js'

console.log(x,fn(),new Car())  //1 function Car{}
```

如果要导入的数据很多，不想一个个去写要导入的数据，可以使用*号来导入所有数据。要使用全部导入这种模式，需为模块定义一个命名空间，以用来访问和区分导入的数据，例如以下代码：

```
import * as MyTest from './export.js'

console.log(MyTest.x,MyTest.fn(),new MyTest.Car())  //1 function Car{}
```

以上代码中，将导入数据的命名空间定义为 MyTest，然后通过它就可以访问所导入的数据。

当模块很多的时候，很难避免会有同名的数据，而又不想使用命名空间来区分它们，这时候就可以使用重命名导入的方式来导入数据，例如以下代码就将示例中的 x 在导入时重命名为 xx：

```
import {x as xx} from './export.js'

console.log(xx)  //1
```

对于默认值的导入，不需要使用花括号，但需要为默认值定义一个名称，例如以下代码：

```
import defaultFn from './export.js'

console.log(defaultFn())  //default
```

12.2.3　合并导出

　　假如有一个库是由几个小模块构成的，如果在使用这个库的时候，分别要从几个模块导入数据，那么导入代码就很臃肿了，这时候，可以先将全部模块导入一个模块，再在这个模块将全部数据导出，例如以下代码：

```
//m1.js
export function m1(){
    return 'm1';
}

//m2.js
export function m2(){
    return 'm2';
}

//m.js
import {m1} from './m1.js'
export {m1}
export {m2} from './m2.js'

//index.js
//导入代码
import {m1,m2} from './m.js'

console.log(m1(),m2())  //m1 m2
```

　　以上代码中，在 m1.js 中定义了要导出的函数 m1，在 m2.js 中定义了要导出的函数 m2，在 m.js 中，则将 m1.js 和 m2.js 中要导出的数据合并在一起再导出，这样对于在 index.js 中导入这些数据就非常方便了。

　　在 m.js 中，要将导入的数据再导出，有两种写法，第一种写法是先用 import 语句导入，再用 export 语句导出；第二种写法就比较简便了，也是首选的方式，只使用一次 export 语句就行了。

12.2.4　无绑定的导入

　　对于全局配置这些模块来说，不一定有数据导出，但里面的全局配置对于应用程序的运行是必不可少的，是需要导入的，这时候就需要使用无绑定的导入，例如以下代码：

```
import './global.js'
```

12.3　模块的加载

要在浏览器加载脚本都会使用 SCRIPT 标签，或在 SCRIPT 标签内嵌入代码，或使用 src 属性来指定脚本文件。在 SCRIPT 标签中有一个 type 属性，一般情况下，将它设置为 "text/javascript"，以表示这是 JavaScript 脚本。为了支持模块，特意为 type 属性添加了 module 选项来表明要加载的是模块。

将 type 属性设置为 module，默认会为 SCRIPT 标签添加 defer 属性，也就是会在页面加载完成后才执行脚本，而不是在脚本加载完成后就立即执行。这是与 type 为 "text/javascript" 时的主要区别。

将 type 设置为 module 并不会改变页面中脚本的执行顺序，脚本还是会按照出现的顺序依次执行。不过，在模块中可能会使用 import 来导入其他模块，也就是说，这些需要导入的模块必须先执行，不然当前代码运行就会因找不到导入的数据而出错，这就会给代码的加载和运行顺序带来巨大的挑战。浏览器在这方面给予了我们一定的支持，在加载 type 设置为 module 的脚本时，会自动根据依赖关系去加载所需的脚本，因而，我们只需要保证模块与应用程序主脚本之间的加载顺序就行了。

12.4　小　结

在 ECMAScript 中加入类的概念曾经有一些争议，不过，笔者倒觉得这挺好的，虽然加入了类的概念，但整体并没有改变原型链继承这些核心的东西，因而原有的代码并不需要做任何调整，而这些概念对于新入门的初学者，比直接学习原型链继承更易于理解，上手也容易得多。

在没有模块之前，各个框架都有自己的一套脚本加载和引用机制，这些框架是否会根据模块做出相应的修改，还需要观察。如果是自己动手写一个简单框架来支撑自己的项目，那么可以考虑采用模块来实现。

第13章 自己动手写一个框架

写一个自己的 JavaScript 框架就好像写一个自己的操作系统一样，估计是不少人的梦想，但要实践起来，总感觉力不从心，或者没那么多时间和精力来实现。本章笔者带领大家来尝试一下，是好是坏先别说，先行动起来才最实际。

13.1 框架的类型

现在，JavaScript 框架很多，要一一将它们归类并不太容易。如果从框架的大小来分，可以分为轻型框架，如 jQuery、Prototype 等，而重型框架则有 Ext JS、AngularJS、React 等。轻型框架主要侧重于跨平台的 DOM 操作，如果要实现某些功能，需要其他框架来配合，而重型框架则是一整套开发方案，可以单独使用它来编写一个 Web 应用程序。如果按功能来分，则有 DOM 操作、图形图像、图形用户接口、模板系统、单元测试和 Web 应用程序等功能各异的框架。

大概了解了框架的类型后，就要考虑写一个什么样的框架了，如果要在本书开发一个像 Ext JS 或 AngularJS 这样的大型框架，那不太现实，因此，我们的侧重点放在比较熟悉的 DOM 操作上，也就是编写一个类似 jQuery 这样的框架。

13.2 开发工具

13.2.1 开发工具的选择

尽管使用最简单的文本编辑工具（如记事本）就能编写 JavaScript 程序，但对于一个项目来说，尤其是比较大的项目，要管理的脚本文件是以百来计算的，用记事本来管理这些文件，想想都酸爽，因而，在学习阶段就选择一款适合自己的开发工具，并逐渐掌握这款工具，对未来是大有裨益的。那么，该如何去选择一款合适的开发工具呢？笔者认为可以从以下几个方面入手。

- 免费：现在免费的工具越来越多，总有一款适合你，如果实在找不到且有足够的经济能力，就考虑付费的。
- 语法检测：无论是多牛的大牛，打字的时候总会有打错的时候，通过语法检测可以很容易地找出打错的关键字或者语法错误，从而减少调试时间。

- 智能提示与自动完成：虽然有些人确实记忆力惊人，但要记住一个项目中所有类（包括引用库）的属性和方法并使用它们，除了天赋异禀外，基本上不太可能，因而，具有良好的智能提示功能是一款开发工具所必需的，这可以大大提高开发效率。
- 项目管理：对于项目开发来说，能很好地组合和管理项目的文件，是必不可少的功能。

有了一些参考点，就可以在搜索引擎中通过搜索"JavaScript IDE"来寻找所需的开发工具了，如果不想大海捞针，利用前人的经验来减少寻找时间，可以搜索"the best JavaScript IDE"。在搜索结果中，会发现免费的工具中，Atom 和 Visual Studio Code（以下简称 VS Code）是排名比较靠前的两个开发工具，因而基本上可以在这两个中选择。基于工作的关系，笔者是比较倾向于 VS Code 的，因而在本书中也将使用 VS Code 作为开发工具。

VS Code 是微软在 2015 年 4 月 30 日在 Build 开发者大会上发布的一个跨平台源代码编辑器项目。在发布之初，由于扩展不完善，使用起来还是相当费劲的。经过几年的发展，现在可以说是相当实用了。笔者使用 VS Code 的起因是为了寻找一款好的 PHP 开发工具，虽然 PhpStorm 不错，但是要收费，而且是每年都要给，除非止步于某一版本。随着 PHP 扩展的完善，终于可以用 VS Code 代替 PhpStorm 了。在开发 PHP 项目的过程中，少不了编写 JavaScript 脚本，又发现 VS Code 在编写 JavaScript 方面也是相当不错的，尤其是在编写 Ext JS 框架的项目上，堪称完美，比 Visual Studio 和 Eclipse 的表现好太多了，于是，VS Code 成了笔者首选的 JavaScript 开发工具。

13.2.2 安装 Visual Studio Code

访问网站 https://code.visualstudio.com/下载自己所需的安装文件。笔者使用的是 Windows 10 的 64 位系统，因而下载了 Windows x64 的安装版（Installer），当前的稳定版是 1.25。在这里选用安装版本而不选用解压包版本是因为在 Windows 中，如果使用解压包版本，就会丢失自动更新功能。如果不需要自动更新功能，可以选择压缩包版本。运行下载的执行文件 VSCodeSetup-x64-1.25.1.exe 后，将会显示如图 13-1 所示的欢迎窗口。

图 13-1 欢迎窗口

单击"下一步"按钮将切换到如图 13-2 所示的许可协议窗口。

图 13-2　许可协议窗口

选择"我接受协议"后，单击"下一步"按钮将切换到如图 13-3 所示的选择目标位置窗口。

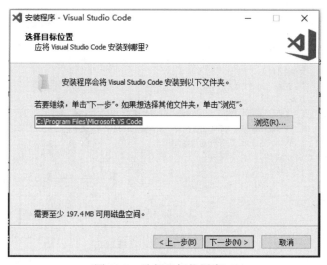

图 13-3　选择目标位置窗口

如果不需要修改安装目录，可直接单击"下一步"按钮切换到如图 13-4 所示的选择开始菜单文件夹窗口。

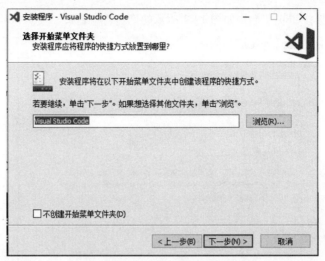

图 13-4　选择开始菜单文件夹窗口

这里一般不做任何改动，直接单击"下一步"按钮切换到如图 13-5 所示的选择其他任务窗口。

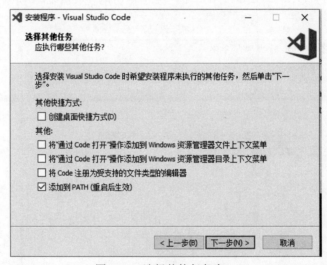

图 13-5　选择其他任务窗口

在选择其他任务窗口中，最好把"创建桌面快捷方式"和与资源管理器相关的两个选项选上，然后单击"下一步"按钮，切换到如图 13-6 所示的安装准备就绪窗口。

图 13-6　安装准备就绪窗口

单击"安装"按钮，进入安装过程，直到如图 13-7 所示的完成窗口出现，表示完成整个安装过程。

图 13-7　完成窗口

单击"完成"按钮，即可看到如图 13-8 所示的 VS Code 窗口。

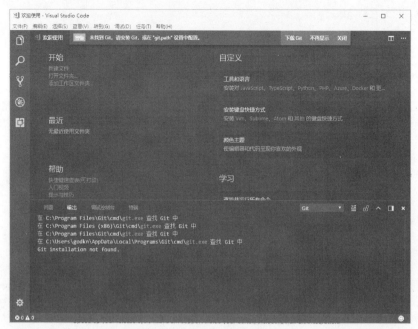

图 13-8　VS Code 窗口

13.2.3　配置开发环境

在 VS Code 窗口顶部我们会看到一条提示信息，说未安装 Git。Git 在当前的开发中都快成了必需品，因而我们根据提示，单击"下载 Git"下载 Git 的安装程序并安装它。Git 的安装过程在这里就不赘述了。安装 Git 以后，关闭 VS Code 并重新打开，可在输出窗口看到以下输出：

```
在 C:\Program Files\Git\cmd\git.exe 查找 Git 中
使用 C:\Program Files\Git\cmd\git.exe 中的 Git 2.16.2.windows.1
```

这说明，Git 已经可以在 VS Code 内使用了。

要配置好 JavaScript 的开发环境，根据官方的说明文档《JavaScript in VS Code》[1]，还需要安装 Node.js，可访问 https://nodejs.org 下载 Windows 的安装包，笔者安装的是 9.8.0 版本。安装 Node.js 的目的是为了使用 npm 命令来实现类型的自动采集（Automatic Type Acquisition），简单地说，就是通过获取第三方库或者模块中对象的属性和方法，以实现脚本编写时的智能提示。Node.js 安装好以后，将输出窗口切换到终端窗口，输入"npm --version"，能看到 npm 的版本号（9.8.0 输出的是 5.6.0），说明 npm 已经安装好了。

为了能实现 JavaScript 代码的语法检测，还需要安装各种 Linter，如 ESLint、TSLint、jshint等。有些 Linter 需要通过 nmp 安装，有些是通过扩展安装的，如 ESLint 需要在终端窗口通过运行"npm install –g eslint"命令来安装，而其他则需要单击 VS Code 窗口最左边图标的最后一个扩展图标，打开如图 13-9 所示的扩展市场来安装。

---

[1]　有关文档详细信息，请参阅 https://code.visualstudio.com/docs/languages/javascript。

图 13-9　VS Code 的扩展市场

在搜索框中输入 tslint，将会看到如图 13-10 所示的搜索结果。搜索结果中的第一项就是我们需要按钮的扩展，单击它右下角的"安装"按钮安装即可。扩展按钮安装完成后会显示一个重新加载的按钮，说明该扩展需要重新加载后才能使用，单击"重新加载"后，会看到如图 13-11 所示的扩展列表，说明 TSLint 已经安装好了。重复安装 TSLint 扩展，把推荐的 jshint 和 Flow Language Support 等扩展也安装上。JavaScript Standard Style 不太符合笔者的习惯，因而没装，请根据自己的需要自行安装。

图 13-10　搜索 tslint 的结果

图 13-11　安装 TSLint 扩展后的扩展列表

笔者习惯使用 IIS Express 来调试网站，因而会在机器上安装 IIS Express，在 VS Code 上安装 IIS Express 扩展。

13.3　编写框架

13.3.1　创建和配置项目

VS Code 是通过文件夹来管理项目的，因而，我们只需要创建一个文件夹，并在 VS Code

中打开该文件夹就行了。

文件夹打开以后，按 CTRL+`（数字 1 左边的按键）打开终端窗口，并在终端窗口输入以下命令创建文件夹 src 和 dist：

```
mkdir src
mkdir dist
```

文件夹 src 将用来存放源代码，而文件夹 dist 将用来存放编译和打包后的代码。

接下来执行以下命令来初始化项目：

```
npm init
```

执行以上命令后，会提示几个问题，根据提示回答完问题以后会自动创建 package.json 文件，该文件主要用于向 npm 提供与项目相关的各种元数据，使 nmp 能够标识项目并处理项目的依赖项。

打开 package.json 会看到以下内容（具体内容会因问题的答案不同而不同）：

```json
{
  "name": "my-frist-framework",
  "version": "1.0.0",
  "description": "My first framework",
  "main": "index.js",
  "scripts": {
    "test": "echo \"Error: no test specified\" && exit 1"
  },
  "author": "",
  "license": "MIT"
}
```

代码中的 name 表示的是项目的名称；version 表示项目的版本；description 表示项目的描述；main 表示项目的入口脚本；scripts 是一个字段，包含了包在生命周期的不同时间允许的脚本命令；author 表示项目的作者；license 表示项目的许可协议。包还有其他的一些配置，具体可参考地址 https://docs.npmjs.com/files/package.json。

13.3.2 安装 Gulp

Gulp 是一个自动化构建工具，在当前项目中主要用于协助我们编译和压缩代码。与之功能类似的 Grunt 可能名气更大些，但笔者在测试时，发现在编译模块的 import 和 export 时，总是出问题，而且配置过程也比较复杂，最终选择了比较简单的 Gulp。

首先需要安装 Gulp 的命令行工具 gulp-cli，在终端窗口输入以下命令即可开始安装：

```
npm install -g gulp-cli
```

在以上安装命令中使用了参数 g，意味着将 gulp-cli 安装到全局环境中，这样，在以后的使用中就不需要重复安装。

接下来安装 Glup 包，命令如下：

```
npm install --save-dev gulp
```

以上命令中的 save-dev 参数表示将 Gulp 作为项目的开发版本依赖安装。包安装完成后，可在 package.json 中看到以下代码：

```
"devDependencies": {
  "gulp": "^3.9.1"
}
```

以上代码表示 Gulp 作为项目的开发依赖已经安装好了。如果对这些东西已经很熟悉了，就可以直接在 package.json 中输入依赖，再安装，有点类似 Java 项目的引入依赖方式。

13.3.3　安装 Browserify

Browserify 的作用是将所有的模块捆绑成一个 JavaScript 文件，正是我们需要的功能。在终端窗口输入以下命令安装 Browserify：

```
npm install --save-dev browserify vinyl-source-stream
```

在以上命令中，除了安装 Browserify 外，还安装了 vinyl-source-stream，它的主要作用是将 NodeJS 所使用的 Node Stream 转换为 Gulp 所使用的 Vinyl File Object Stream，以便将 Browserify 纳入 Glup 的体系中。

13.3.4　安装 Watchify

Watchify 是与 Browserify 合作自动对文件修改做出响应的工具，安装命令如下：

```
npm install --save-dev watchify
```

13.3.5　安装 Babel

要想将 ES 2015 以上版本的代码直接运行于各种浏览器中，那是不可想象的，就是将代码运行于同一浏览器的不同版本中也会有各种问题。为了解决这个问题，就需要一个代码转换器，将 ES 2015 以上的代码转换为能兼容于大部分浏览器的 ES 5 或 ES 3 代码，这样就可以保证代码能运行于绝大部分浏览器中。

现在，代码转换器有不少，而 Babel 是目前比较火的一个，也是比较常用的一个，因而，这里也将使用 Babel，安装命令如下：

```
npm install --save-dev babelify babel-core babel-preset-env babel-polyfill
```

以上命令安装了 4 个包，其中 babelify 是一个 Babel 的插件，用于转换 Browserify 中的 ES

2015 以上的语法。而 babel-core 则是 Babel 的核心包。包 babel-preset-env 则是用来设置项目将使用哪一个版本的 ECMAScript 作为项目的主要语言，根据文档（https://babeljs.io/docs/en/babel-preset-es2015）的建议，目前都是使用 babel-preset-env 作为主要预设。包 babel-polyfill 则是一些填充代码，用于模拟一个完成的 ES 2015 以上版本的环境，这样就可以在不支持 Set、Map 的浏览器上使用这些对象了。

13.3.6　安装 Uglify

Uglify 是用来混淆代码的。要使用它，还需要安装 vinyl-buffer 和 gulp-sourcemaps 来支持 sourcemaps，安装命令如下：

```
npm install --save-dev gulp-uglify vinyl-buffer gulp-sourcemaps
```

13.3.7　配置 Gulp

要安装的东西已经安装好了，现在要做的是配置好 Gulp，以便编译和打包脚本，在项目的根目录下创建一个名为 gulpfile.js 的文件，并加入以下代码：

```
var gulp = require('gulp');
var browserify = require('browserify');
var source = require('vinyl-source-stream');
var sourcemaps = require('gulp-sourcemaps');
var buffer = require('vinyl-buffer');
var paths = {
    pages: ['src/*.html'],
    test:['src/test.js']
};

gulp.task('copyHtml', function () {
    return gulp.src(paths.pages)
        .pipe(gulp.dest('dist'));
});

gulp.task('copyTest', function () {
    return gulp.src(paths.test)
        .pipe(gulp.dest('dist'));
});

gulp.task('default', ['copyHtml','copyTest'], function () {
    return browserify({
```

```
        basedir: '.',
        debug: true,
        entries: ['src/index.js'],
        cache: {},
        packageCache: {}
    })
    .transform('babelify', {
        presets: ['env'],
        extensions: ['.js']
    })
    .bundle()
    .pipe(source('bundle.js'))
    .pipe(buffer())
    .pipe(sourcemaps.init({loadMaps: true}))
    .pipe(sourcemaps.write('./'))
    .pipe(gulp.dest('dist'));
});
```

以上代码中，带 require 语句的代码表示要引入参数中的类库。变量 paths 定义了要复制的文件的路径，在本项目中主要用来复制首页文件 index.html 和测试脚本 test.js。

接下来调用 task 方法定义三个任务，前面两个任务主要用来将 src 文件夹下的 index.html 和 test.js 复制到 dist 文件夹。第三个任务是默认任务，包含前面定义的两个任务，并且要执行 browserify 来合并脚本，执行 babelify 来转换代码，工作完成后，将打包后的文件 bundle.js 写到 dist 文件夹内。

最后要做的是测试任务是否能顺利执行。在 src 文件夹下创建 element.js、index.html、index.js 和 test.js 四个文件。

先打开 index.html，并加入以下代码：

```
<!DOCTYPE html>
<html lang="en">
    <head>
        <meta charset="UTF-8" />
        <title>框架测试页</title>
    </head>
    <body>
        <div id="test"></div>
        <script src="bundle.js" type="text/javascript"></script>
        <script src="test.js" type="text/javascript"></script>
```

```
        </body>
</html>
```

在页面中，主要放了一个 div 用来测试选择器，还包含框架打包后的文件 bundle.js 和测试用的脚本 test.js。

下面打开 element.js，并加入以下代码：

```
export class Element{
    constructor(selector){
        let me = this;
        me.dom = document.querySelector(selector);
        console.log(me.dom);
    }
}
```

以上代码创建了一个名为 MyElement 的导出类，可通过浏览器的 DOM 选择器根据传递过来的选择器来选择节点。

接下来，打开 index.js 文件并加入以下代码：

```
import 'babel-polyfill'
import {Element} from './element'

window.$=function(selector){
    return new Element(selector);
}
```

代码要先导入 babel-polyfill，再导入 Element 类，这很重要，不然会造成代码在 IE 等旧浏览器上运行不了。在导入了两个包之后，定义了一个类似 jQuery 的$符号的函数，用于创建一个 Element 类的实例。

最后，打开 test.js 文件并加入以下代码：

```
$('#test');
```

代码只是测试一下$是否能按预期执行。

代码完成后，在终端窗口输入 gulp 执行默认任务，如果输出结果类似以下输出，则说明文件已经编译和打包好了：

```
PS D:\Workspace\Javascript\book-source-code> gulp
[12:38:48] Using gulpfile
D:\Workspace\Javascript\book-source-code\gulpfile.js
[12:38:48] Starting 'copyHtml'...
```

```
[12:38:48] Starting 'copyTest'...
[12:38:48] Finished 'copyTest' after 31 ms
[12:38:48] Finished 'copyHtml' after 42 ms
[12:38:48] Starting 'default'...
[12:38:51] Finished 'default' after 2.25 s
```

打开 dist 文件夹，会看到多了 bundle.js、bundle.js.map、index.html 和 test.js 四个文件，这就是执行 gulp 任务后生成的文件。

如果不想自己创建 iisexpress.json 文件用来配置 IIS Express，可以直接按 Ctrl+Shift+P 键打开如图 13-12 所示的命令窗口，并选择"IIS Express: Start Website"在浏览器打开项目。由于这样运行网站会将项目的根目录作为网站的根目录，因而在浏览器会显示错误页面。现在打开 .vscode 文件夹下的 iisexpress.json 文件，在 path 属性上添加"dist\\\\"，将默认根目录指定为项目的 dist 文件夹就行了，最终完成的代码如下：

```
{
  "port": 9271,
  "path": "d:\\Workspace\\Javascript\\book-source-code\\dist\\",
  "clr": "v4.0",
  "protocol": "http"
}
```

以上代码中的端口号可能因环境不同而不同。需要特别注意的是，dist 后面的两个斜杠是绝对不能省略的，不然一样会出错。

图 13-12　命令窗口

现在按 Ctrl+Shift+P 键打开命令窗口，并选择"IIS Express: Restart Website"重写启动网站，

就可以在浏览器看到一个空白页面了。在浏览器中按 F12 键打开 Web 开发工具，在控制台面板会看到如图 13-13 所示的输出，这说明代码已经正常运行了。

图 13-13　控制台中的输出

至此，环境已经搭好了，现在可以开始编写框架的具体功能了。

13.3.8　添加 DOM 操作

先在 src 文件夹下创建 handlers 和 mixins 两个文件夹，分别用来存放操作类和混入类。

文件夹创建后，在 handlers 文件夹下添加一个名为 dom.js 的文件，然后添加以下代码：

```
export class Dom{
    html(html,targetElement){
        targetElement.innerHTML = html;
    }
    append(child,targetElement){
        let originHtml = targetElement.innerHTML;
        targetElement.innerHTML = originHtml+ child;
    }
}
```

代码为 Dom 类定义了 html 和 append 两个方法，分别用于为元素更新内容和追加内容。

接下来要做的是编写混入类，准备将 html 和 appen 操作混入到 Element 类。在 mixins 文件夹下创建一个名为 dom.js 的文件，并添加以下代码：

```
export let Dom={
    html(html){
        let me = this;
        me.domHandler.html(html,me.dom);
        return me;
    },
    append(child){
        let me = this;
        me.domHandler.append(child,me.dom);
        return me;
    }
}
```

代码中定义了一个带有 html 和 append 方法的 Dom 对象。在这两个方法内都调用了一个名为 domHandler 的属性，该属性指向的是 Dom 操作类的一个实例，将在 Element 类的构造函数中创建并赋值。而 dom 属性在上一节已经定义好了，就是使用选择器查询出来的 DOM 节点。为了能让对象能继续调用方法进行后续处理，特意将方法的返回值设置为对象自身。

完成这两个类之后，切换到 element.js，在顶部将 Dom 操作类和混入对象 Dom 引入，代码如下：

```
import { Dom as DomHandler} from './handlers/dom'
import { Dom as DomMixin} from './mixins/dom'
```

为了避免命名冲突，特意将引入的对象重命名了。

完成导入后，在构造函数中给 dom 属性赋值的语句下添加以下语句来创建 Dom 操作类的实例：

```
me.domHandler = new DomHandler();
```

接下来这步很重要，就是将混入对象 Dom 混入到 Element 类中。在 Element 类的定义之后添加以下代码，将混入对象 Dom 的成员复制到 Element 类的原型：

```
Object.assign(Element.prototype,DomMixin);
```

至此，DOM 操作功能就已经完成了，现在修改 test.js，使用刚创建的 DOM 操作功能为 DIV 元素添加点内容：

```
$('#test')
  .html('hello')
  .append('<b> world!</b>')
```

在终端窗口执行一次 gulp 命令，然后在浏览器刷新页面，会看到页面显示已经不是空白了，而是显示了如图 13-14 所示的内容，这说明 DOM 操作功能已经实现了。

hello world!

图 13-14　调用 DOM 操作后的页面显示

如果希望实现更多的操作功能，只要继续为操作类 Dom 和混入对象 Dom 添加方法就行了。

13.3.9　添加样式操作

有了 DOM 操作做样板，样式操作就可以信手拈来了。先在两个文件夹中分别创建 style.js 文件，然后在 handlers 文件夹内的 style.js 文件中定义 Style 类，代码如下：

```
export class Style {
    style(style, value, targetElement) {
```

```
        if (typeof style === 'object') {
            for (const [prop, value] of Object.entries(style)) {
                targetElement.style.setProperty(prop,value);
            }
        } else if (typeof style === 'string') {
            targetElement.style.setProperty(style,value);
        }
    }
    size(width,height,targetElement){
        targetElement.style.setProperty('width', isNaN(width) ? width :
width+ 'px');
        targetElement.style.setProperty('height', isNaN(height) ? height :
height+ 'px');
    }
    hide(targetElement){
        targetElement.style.setProperty('display','none')
    }
    show(targetElement){
        targetElement.style.setProperty('display','')
    }
}
```

从代码可以看到，在 Style 类内定义了 4 个方法。其中，style 方法用于设置全部样式，如果第一个参数是对象，说明要设置的样式会以样式名为键，样式值为值来设置样式，这时候就要循环遍历所有样式并进行设置；如果第一个参数是字符串，说明这时只设置一个样式，样式值在第二个参数里。方法 size 用于设置节点的宽度和高度。方法 hide 和 show 用于隐藏和显示节点。

接下来完成混入对象 Style，代码如下：

```
export let Style={
    css(style,value){
        let me = this;
        me.styleHandler.style(style, value, me.dom);
        return me;
    },
    size(width,height){
        let me = this;
        me.styleHandler.size(width,height, me.dom);
```

```
        return me;
    },
    hide(){
        let me = this;
        me.styleHandler.hide(me.dom);
        return me;
    },
    show(){
        let me = this;
        me.styleHandler.show(me.dom);
        return me;
    }
}
```

余下的工作就是在 element.js 中添加导入，在 Element 类的构造函数中创建 Style 类的实例，并将混入对象 Style 混入 Element 类，代码如下：

```
Object.assign(Element.prototype,DomMixin,StyleMixin)
```

最后修改 test.js，在 append 之后添加以下代码来修改节点的样式：

```
.size(200,200)
.css({
    color:'blue',
    'background-color': '#ededed',
    'line-height':'200px',
    'text-align':'center'
})
.css('display','block')
```

代码先调用 size 方法将节点的高度和宽度都设置为 200，然后设置字体颜色为蓝色、背景颜色为#ededed、行高为 200 像素以及文字居中对齐，最后单独将节点设置为以块形式显示。

执行 glup 命令后，刷新浏览器可看到如图 13-15 所示的效果。

图 13-15　设置样式后的 DIV 节点

13.3.10　添加样式类操作

在两个文件夹分别创建 class.js 文件，并在操作类文件中添加以下 Cls 类的代码：

```
export class Cls{
    replaceCls(value,targetElement,op){
        let me = this,
            currentCls = targetElement.className.split(' '),
            clsSet = new Set(currentCls);
        value=value.split(' ');
        for (const item of value) {
            if(!clsSet.has(item) && op === 'add') clsSet.add(item);
            if(clsSet.has(item) && op === 'remove') clsSet.delete(item);
        }
        targetElement.className = [...clsSet].join(' ');
    }
}
```

在 Cls 类中只定义了 1 个 replaceCls 方法，用于处理样式类的添加和删除。在方法中，使用 Set 来保存节点原有的样式类，这样就可以很简单地排除同名的样式类，也很容易就能删除那些要移除的样式类。最后把 Set 转换为数组并调用 join 方法拼接成字符串赋值给节点的className 属性就行了。

混入对象 Cls 的代码如下：

```
export let Cls={
    addCls(value){
        let me = this;
        me.clsHandler.replaceCls(value,me.dom, 'add');
        return me;
    },
    removeCls(value){
        let me = this;
        me.clsHandler.replaceCls(value,me.dom, 'remove');
        return me;
    }
}
```

在对象中定义了 addCls 和 removeCls 两个方法，它们都会去调用 replaceCls 方法来处理样式类。

在 Element 类中添加导入、创建实例和混入操作的代码后，在 test.js 的最后添加以下点来测试样式类的操作：

```
.addCls('class1 class2 class3 class4')
.removeCls('class3')
.addCls('class1 class5')
.removeCls('class2 class4')
```

以上操作会对节点进行 4 次样式类操作，最终留在节点上的样式类为 class1 和 class5。执行 gulp 命令后，刷新浏览器，在查看器面板查看节点 DIV 的源代码，会看到如图 13-16 所示的结果，在 class 中的值正是 class1 和 class5，说明操作成功。

图 13-16　修改样式类后的节点源代码

13.3.11　添加属性操作

在两个文件夹分别创建 attribute.js 文件，然后添加如下的 Attribute 类的代码：

```
export class Attribute{
    addAttribute(attribute, value, targetElement){
        targetElement.setAttribute(attribute,value+'');
    }
    removeAttribute(attribute,targetElement){
        targetElement.removeAttribute(attribute);
    }
    getAttribute(attribute,targetElement){
        return targetElement.getAttribute(attribute);
    }
}
```

在类中共定义了 addAttribute、removeAttribute 和 getAttribute 三个方法，分别用于添加属

性、删除属性和获取属性值。

混入对象 Attribute 的代码如下：

```
export let Attribute={
    attr(attribute,value){
        let me = this;
        if(typeof attribute === 'string' && !value ){
            return me.attributeHandler.getAttribute(attribute,me.dom);
        }
        me.attributeHandler.addAttribute(attribute,value,me.dom);
        return me;
    },
    removeAttr(attribute){
        let me = this;
        me.attributeHandler.removeAttribute(attribute,me.dom);
        return me;
    }
}
```

代码只定义了 attr 和 removeAttr 两个方法。在调用 attr 方法时，当参数 attribute 是字符串且 value 为 null 的时候，说明是取属性值，这时候调用 getAttribute 方法来获取值，否则调用 addAttribute 方法添加属性。

在 Element 类中添加导入、创建实例和混入操作的代码后，在 test.js 的最后添加以下点来测试样式类的操作：

```
    .attr('title', '这是一个div')
    .attr('alt', '这是一个div')
console.log($('#test').attr('alt'));
$('#test').removeAttr('alt');
console.log($('#test').attr('alt'));
```

代码先为节点添加了 title 和 alt 两个特性，然后通过 attr 方法来获取 alt 属性，再调用 removeAttr 方法移除 alt 属性，再获取 alt 属性。刷新浏览器，将鼠标移动到 DIV 上，会看到如图 13-17 所示的效果，这表明 title 属性已经生效，而在 Web 开发工具的控制台会看到以下输出：

```
这是一个div test.js:19:1
null test.js:21:1
```

第一个输出说明 alt 属性已经添加到节点，而第二个输出说明 alt 属性已被移除，所以值为 null。

图 13-17 添加 title 属性后的效果

13.3.12 添加事件操作

事件操作不能再像前面的操作那样添加了，因为事件操作有一个比较特殊的地方，在解绑事件的时候，需要有事件名称和回调函数才能解绑数据，而这需要在绑定事件的时候将事件名称和回调函数都记录下来，然后在解绑的时候使用。如何把这些数据记录下来是主要考虑的方向，可选择的方案有两个，一个是使用一个全局的对象 Map 来存放这些事件数据，另一个是做一个全局的单例模式类来处理事件。在本示例中将采用全局的单例模式类的方式。

在 src 文件夹下新建一个 event.js，并添加以下代码：

```
export let EventObserver= new class {
  constructor(){
    let me = this;
    this.events = new WeakMap();
  }
  bindEvent(event, callback, targetElement) {
    let me = this,
      events = me.events,
      targetEvents = events.get(targetElement) || {};
    if(targetEvents[event]){
      me.unbindEvent(event,targetElement);
    }
    targetEvents[event] = callback;
    targetElement.addEventListener(event, callback, false);
    events.set(targetElement,targetEvents);
```

```
    }

    unbindEvent(event, targetElement) {
        let me = this,
            events = me.events,
            targetEvents = events.get(targetElement) || {};
        if (targetEvents[event]) {
            targetElement.removeEventListener(event, targetEvents[event],
false);

            events.delete(event);
        }
    }

}();
```

　　要构建单例模式的类，需要在定义类时添加 new 关键字，并在表达式的最后添加括号。

　　在代码中，使用了 WeakMap 来存放各节点的事件。节点自身就是 WeakMap 的键，而值是一个对象，在对象内，event 将作为对象的键，callback 则为值。在绑定事件的时候（bindEvent方法），先检查事件是否已经存在，如果已经存在，就先解绑之前的事件，再重写绑定新事件。在解绑事件的时候，在找到事件后，调用 removeEventListener 方法解绑事件，并在事件对象中删除该事件。

　　完成 EventObserver 类后，在 element.js 中先导入 EventObserver 类，然后在导入代码的下面添加以下代码来将事件类的实例转换为全局对象：

```
window.EventObserver = EventObserver;
```

　　接下来为 Element 类添加 on 和 un 方法，代码如下：

```
on(event, callback){
    let me = this;
    window.EventObserver.bindEvent(event, callback, me.dom);
    return me;
}
un(event){
    let me = this;
    window.EventObserver.unbindEvent(event, me.dom);
    return me;
}
```

在 on 方法中，调用了事件对象的 bindEvent 方法来绑定事件，而在 un 方法中，调用了 unbindEvent 方法来解绑事件。

下面打开 index.html 文件，在 div 下添加一个按钮用来显示和隐藏 div，代码如下：

```
<button id='testBtn'>隐藏</button>
```

在 test.js 的最后添加以下代码：

```
$('#testBtn').on('click',function(){console.log(1)});
$('#testBtn').on('click',function(){
    let me = this;
    if(me.innerHTML==='隐藏'){
        $('#test').hide();
        me.innerHTML = '显示';
    }else{
        $('#test').show();
        me.innerHTML = '隐藏';
    }
});
```

代码先为按钮绑定了一个演示解绑的单击事件，再绑定了用于显示和隐藏 div 的单击事件。

执行 gulp 命令后，刷新浏览器，然后单击按钮，可以看到在 Web 开发工具的控制台上并没有显示数字 1，说明第一个绑定的事件已经解绑成功，不会再被执行，而 div 这时候已隐藏，说明第二个绑定的单击事件以被成功执行。

13.3.13　添加 Ajax 功能

由于 Ajax 功能不局限于选择出来的节点，而应该是一个静态方法，因而，我们需要为$添加一个 ajax 方法。打开 index.js，在文件的尾部添加以下代码：

```
$.ajax=function(url, options={}){
    let xhr = new XMLHttpRequest(),
        status;
    xhr.open(
        options.method || 'POST',
        url,
        false,
        options.username,
        options.password
```

```
    );
    xhr.send();
    status = xhr.status;
    if(status >= 200 && status < 300 || status === 304){
        if(typeof options.success == 'function'){
            options.success(xhr.responseText,xhr);
        }
    }else{
        if(typeof options.error == 'function'){
            options.error(xhr,xhr.statusText);
        }
    }

}
```

以上代码只是一个简单的 Ajax 示例程序，真要做成框架，还需要大量的封装工作，譬如处理异步的问题等，都要做封装。

切换到 test.js，在文件底部添加以下测试代码：

```
$.ajax('data.json',{
    method: 'GET',
    success: function(responseText){ console.log(responseText)},
    error: function(xhr,statusText) {console.log(statusText)}

});
```

代码将发送请求获取 data.json 文件，如果获取成功，就会在控制台输出返回的数据；如果不成功，则在控制台输出状态问题。

运行 gulp 命令后，在 dist 文件夹创建一个名为 data.json 的文件，并添加如下代码：

```
{
    "x":1,
    "y":2
}
```

刷新浏览器后，会在控制台看到获取 data.json 的文本。

至此，一个简单的示例框架就已经完成了。

13.4　小　结

使用最新的 ECMAScript 版本来编写框架确实方便很多，而且代码的可读性也很好。在编写该示例框架的时候，笔者经常去参考 jQuery 的源代码，看得比较累，不过，要将这些框架都转换到新的 ECMAScript 版本来写，也不太现实。不过，近来 TypeScript 的发展势头比较厉害，感觉很多框架都会转移到这个平台上进行开发，有兴趣的话可以去关注一下。